环境微生物学实验指导

Laboratory Manual for Environmental Microbiology

郑 平 主编

浙江大学出版社

图书在版编目（CIP）数据

环境微生物学实验指导 / 郑平主编. —杭州：浙江大学
出版社，2005.4（2021.1 重印）
ISBN 978-7-308-04184-3

Ⅰ.环… Ⅱ.郑… Ⅲ.环境科学：微生物学－实验－教
材 Ⅳ.X172-33

中国版本图书馆 CIP 数据核字（2005）第 028632 号

环境微生物学实验指导

郑 平 主编

责任编辑	秦 瑕	
封面设计	刘依群	
出版发行	浙江大学出版社	
	（杭州市天目山路 148 号 邮政编码 310007）	
	（网址：http://www.zjupress.com）	
排 版	杭州中大图文设计有限公司	
印 刷	杭州丰源印刷有限公司	
开 本	787mm×1092mm 1/16	
印 张	9	
字 数	230 千	
版 印 次	2005 年 4 月第 1 版 2021 年 1 月第 13 次印刷	
书 号	ISBN 978-7-308-04184-3	
定 价	29.00 元	

内 容 简 介

　　本书是环境微生物学的实验教材,供高校开设环境微生物学实验课选用。全书由 11 部分组成,内容包括显微镜使用技术,微生物形态和结构观察,微生物大小和数量测定,无菌操作、接种技术和培养方法,微生物分离与纯化技术,微生物菌种保藏技术,微生物与物质转化,微生物与废水生物处理,活性污泥中微生物多样性分析,微生物与环境监测。本书还可作为高等院校环境科学、环境工程、给水排水、生命科学、微生物学、生物技术等专业的实验教学用书,也可作为相关科技人员的参考书。

内容简介

前　言

　　微生物学是一门典型的实验学科。在微生物学的发展过程中,每一重大进展无不以实验技术的创新为基础。随着相关学科的广泛渗透和深度融合,微生物学实验技术的发展可谓日新月异,其所发挥的作用越来越大。环境微生物学是微生物学的一个分支,实验环节占有举足轻重的地位。为了配合《环境微生物学》教材(郑平主编,浙江大学出版社,2002),作者选编了《环境微生物学实验指导》,以求课堂教学与实验教学互相促进。

　　浙江大学于 20 世纪 80 年代初开始设立《环境微生物学》课程,历任授课老师都为环境微生物学实验内容的选定花费了大量精力。经过多年的试用、修改和补充,逐渐形成了本校相对稳定的《环境微生物学》实验教学框架。《环境微生物学实验指导》是在前辈们的工作基础上,根据环境微生物学的发展和本科教学的实际需要,经过修改和扩充而成的。它是浙江大学环境微生物教研室全体教师集体智慧的结晶。由于它是本科生的实验教材,因此,选编中兼顾了基本实验技术和最新实验技术,并尽可能做到内容准确,形式规范,通俗易懂。

　　全书由 11 个部分 33 个实验组成。第一部分(实验 1—3),第二部分(实验 4—6)由郑平和胡宝兰编写,第三部分(实验 7—10)由胡宝兰和吴明生编写,第四部分(实验 11—13)由胡宝兰和李金页编写,第五部分(实验 14—16)由郑平编写,第六部分(实验 17)由胡宝兰和郑平编写,第七部分(实验 18—20)由郑平编写,第八部分(实验 21—22)由胡宝兰和邓良伟编写,第九部分(实验 23—25,)由胡宝兰、郑平、吴东雷、卢刚编写,第十部分(实验 26—29)由刘和与郑平编写,第十一部分(实验 30—33)由郑平和胡宝兰编写。全书由郑平负责统稿。

　　浙江大学教务部和浙江大学出版社对本教材的出版给予了大力支持,在此深表感谢。

　　由于编者水平有限,错误在所难免,恳请使用者谅解并批评指正。

编　者
2005 年 3 月

环境微生物学实验室守则

为了维持环境微生物学实验室的工作秩序，保证环境微生物学实验的教学质量，特制定本守则。

1. 进入环境微生物学实验室的学生必须严格遵守实验室的各项规章制度。

2. 认真预习《环境微生物学实验指导》，明确每次实验的目的、要求、原理和方法，做到心中有数。

3. 仔细观摩实验指导教师的讲解和示范，了解仪器设备的基本性能，掌握实验操作的基本要领，严格按照规程操作。

4. 珍惜每次实验机会，重视各项实验技能，认真观察实验现象，如实做好实验记录。

5. 需集中处理的物品，应注明组别、名称及处理方法，放于教师指定的地方。

6. 实验结束后，做好仪器设备、试剂药品等整理工作，经教师验收后，将仪器设备放回原处。值日学生做好清洁卫生工作。

7. 提倡科学严谨的实验作风。仔细整理实验结果，认真完成实验报告，并将报告按时交给指导教师批阅。

8. 爱护国家财产。如因违规操作而损坏仪器设备，须按学校有关规定赔偿。

9. 保持实验室安静，维护实验室整洁。

目　　录

第一部分　显微镜使用技术

17 世纪荷兰人列文·虎克制造了第一台显微镜,首次把微生物世界展现在人类面前,至今已经历 300 余年。显微镜的问世对微生物学的奠基和发展起到了不可估量的作用。在长期的实践中,显微镜不断推陈出新,已成为微生物研究的重要工具。

在微生物实验中,常用的显微镜主要有普通光学显微镜、相差显微镜和荧光显微镜。下面着重介绍这三种显微镜的使用技术。

实验 1　普通光学显微镜的使用

普通光学显微镜简称光学显微镜(light microscope),以平均波长为 550 nm 的可见光作为光源,能分辨的两点距离约为 0.22 μm。多数细菌的个体大于 0.25 μm,因此可在光学显微镜下观察。由于许多细菌的大小与光学显微镜的分辨率处于同一个数量级,为了看清细菌的形态与结构,经常使用油镜来提高显微镜的分辨率。在光学显微镜的使用中,油镜的使用是一项十分重要的操作技术。

一、目的要求

1.了解普通光学显微镜的基本构造和工作原理。
2.学习并掌握普通光学显微镜,重点是油镜的使用技术和维护知识。
3.在油镜下观察细菌的几种基本形态。
4.采用悬滴法在高倍镜下观察细菌运动。

二、基本原理

(一)普通光学显微镜的构造
普通光学显微镜由机械系统和光学系统两部分组成(图 1-1)。

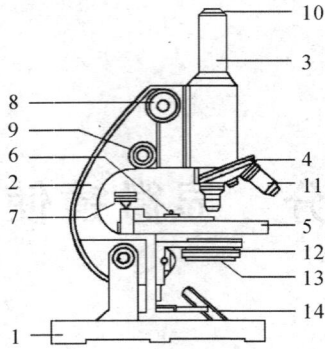

图 1-1 普通光学显微镜的构造

1.镜座 2.镜臂 3.镜筒 4.转换器 5.载物台 6.压片夹 7.标本移动器 8.粗调螺旋 9.细调螺旋 10.目镜
11.物镜 12.虹彩光阑(光圈) 13.聚光器 14.反光镜

1.机械系统

机械系统包括镜座、镜臂、镜筒、物镜转换器、载物台、调节器等。

(1)镜座:它是显微镜的基座,可使显微镜平稳地放置在平台上。

(2)镜臂:用以支持镜筒,也是移动显微镜时手握的部位。

(3)镜筒:它是连接接目镜(简称目镜)和接物镜(简称物镜)的金属圆筒。镜筒上端插入目镜,下端与物镜转换器相接。镜筒长度一般固定,通常是 160 mm。有些显微镜的镜筒长度可以调节。

(4)物镜转换器:它是一个用于安装物镜的圆盘,位于镜筒下端,其上装有 3～5 个不同放大倍数的物镜。为了使用方便,物镜一般按由低倍到高倍的顺序安装。转动物镜转换器可以选用合适的物镜。转换物镜时,必须用手旋转圆盘,切勿用手推动物镜,以免松脱物镜而招致损坏。

(5)载物台:载物台又称镜台,是放置标本的地方,呈方形或圆形。载物台上装有压片夹,可以固定被检标本;装有标本移动器,转动螺旋可以使标本前后和左右移动。有些标本移动器上刻有标尺,可指示标本的位置,便于重复观察。

(6)调节器:调节器又称调焦装置,由粗调螺旋和细调螺旋组成,用于调节物镜与标本间的距离,使物像更清晰。粗调螺旋转动一圈可使镜筒升降约 10 mm,细调螺旋转动一圈可使镜筒升降约 0.1 mm。

2.光学系统

光学系统包括目镜、物镜、聚光器、反光镜等。

(1)目镜:它的功能是把物镜放大的物像再次放大。目镜一般由两块透镜组成。上面一块称接目透镜,下面一块称场镜。在两块透镜之间或在场镜下方有一光阑。由于光阑的大小决定着视野的大小,故又称它为视野光阑。标本成像于光阑限定的范围之内,在光阑上粘一小段细发可用作指针,指示视野中标本的位置。在进行显微测量时,目镜测微尺被安装在视野光阑上。目镜上刻有 5×、10×、15×、20× 等放大倍数。可按需选用。

(2)物镜:它的功能是把标本放大,产生物像。物镜可分为低倍镜(4× 或 10×)、中倍镜(20×)、高倍镜(40×～60×)和油镜(100×)。一般油镜上刻有"OI"(oil immersion)或 HI (homogeneous immersion)字样,有的刻有一圈红线或黑线,以示区别。物镜上通常标有放大倍数、数值孔径(numerical aperture,简写为 NA)、工作距离(物镜下端至盖玻片间的距离,mm)

及盖玻片厚度等参数(图 1-2)。以油镜为例,100/1.25 表示放大倍数为 100 倍,NA 为 1.25;160/0.17 表示镜筒长度 160 mm,盖玻片厚度等于或小于 0.17 mm。

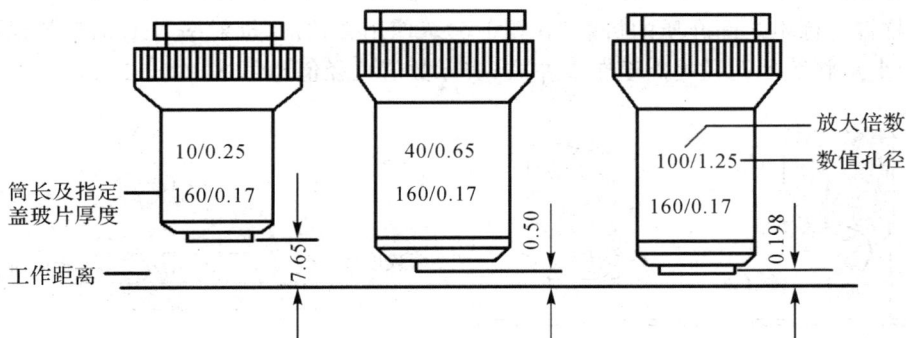

图 1-2 XSP-I6 型显微镜物镜的主要参数

(3)聚光器:聚光器又称聚光镜,它的功能是把平行的光线聚焦于标本上,增强照明度。聚光器安装在镜台下,可上下移动。使用低倍物镜(简称低倍镜)时应降低聚光器,使用油镜时则应升高聚光器。聚光器上附有虹彩光阑(俗称光圈),通过调整光阑孔径的大小,可以调节进入物镜光线的强弱(物镜焦距、工作距离与光圈孔径之间的关系见图 1-3)。在观察透明标本时,光圈宜调得相对小一些,这样虽会降低分辨力,但可增强反差,便于看清标本。

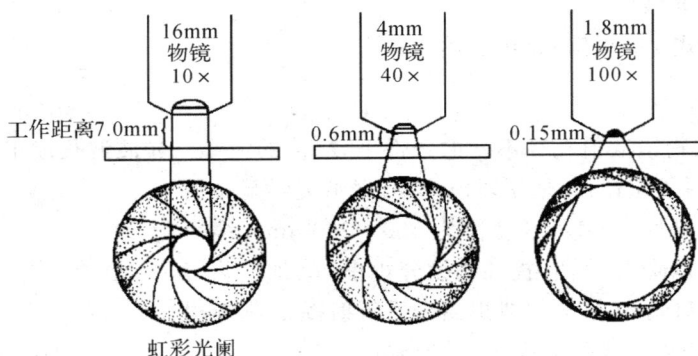

图 1-3 物镜焦距、工作距离与光圈孔径之间的关系

(4)反光镜:它是普通光学显微镜的取光设备,其功能是采集光线,并将光线射向聚光器。反光镜安装在聚光器下方的镜座上,可以在水平与垂直两个方向上任意旋转。反光镜的一面是凹面镜,另一面是平面镜。一般情况下选用平面镜,光量不足时可换用凹面镜。

(二)普通光学显微镜的性能

1. 数值孔径

数值孔径(NA)又称开口率,是指介质折射率与镜口角 1/2 正弦的乘积,可用式 1-1 表示。

$$NA = n\sin\frac{\alpha}{2} \tag{1-1}$$

式 1-1 中,n 为物镜与标本之间介质的折射率,α 为镜口角(通过标本的光线延伸到物镜边缘所形成的夹角,见图 1-4)。

物镜的性能与物镜的数值孔径密切相关,数值孔径越大,物镜的性能越好。因为镜口角 α

总是小于180°，所以 $\sin\frac{\alpha}{2}$ 的最大值不可能超过1。又因为空气的折射率为1，所以以空气为介质的数值孔径不可能大于1，一般为 0.05～0.95。根据式1-1，要提高数值孔径，一个有效途径就是提高物镜与标本之间介质的折射率(图1-5)。使用香柏油(折射率为1.515)浸没物镜(即油镜)理论上可将数值孔径提高至1.5左右;实际数值孔径值也可达1.2～1.4。

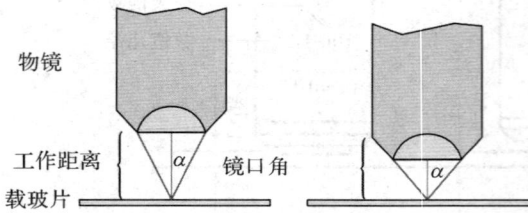

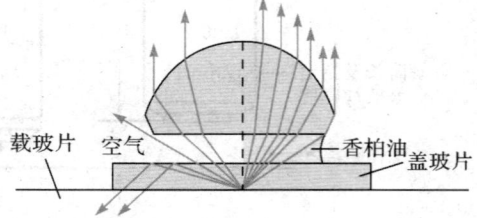

图 1-4　物镜的镜口角　　　　　　　图 1-5　介质折射率对光线通路的影响

2. 分辨率

分辨率是指分辨物像细微结构的能力。分辨率常用可分辨出的物像两点间的最小距离(D)来表征(式1-2)。D 值愈小，分辨率愈高。

$$D=\frac{\lambda}{2n\sin\frac{\alpha}{2}} \qquad (1-2)$$

式 1-2 中，λ 为光波波长。

比较式 1-1 和式 1-2 可知，D 可表示为:

$$D=\frac{\lambda}{2NA} \qquad (1-3)$$

根据式1-3，在物镜数值孔径不变的条件下，D 值的大小与光波波长成正比。要提高物镜的分辨率，可通过两条途径:①采用短波光源。普通光学显微镜所用的照明光源为可见光，其波长范围为 400～700 nm。缩短照明光源的波长可以降低 D 值，提高物镜分辨率。②加大物镜数值孔径。提高镜口角 α(图1-4)或提高介质折射率 n，都能提高物镜分辨率。若用可见光作为光源(平均波长为 550 nm)，并用数值孔径为 1.25 的油镜来观察标本，能分辨出的两点距离约为 0.22 μm。

3. 放大率

普通光学显微镜利用物镜和目镜两组透镜来放大成像，故又被称为复式显微镜。采用普通光学显微镜观察标本时，标本先被物镜第一次放大，再被目镜第二次放大(图1-6)。所谓放大率是指放大物像与原物体的大小之比。因此，显微镜的放大率(V)是物镜放大倍数(V_1)和目镜放大倍数(V_2)的乘积，即:

$$V=V_1\times V_2 \qquad (1-4)$$

图 1-6　普通光学显微镜的成像原理

如果物镜放大 40 倍，目镜放大 10 倍，则显微镜的放大率是 400 倍。常见物镜(油镜)的最高放大倍数为 100 倍，目镜的最高放大倍数为 15 倍，因此一般显微镜的最高放大率是 1500 倍。

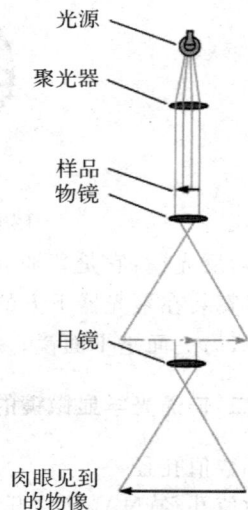

4.焦深

一般将焦点所处的像面称为焦平面。在显微镜下观察标本时,焦平面上的物像比较清晰,但除了能看见焦平面上的物像外,还能看见焦平面上面和下面的物像,这两个面之间的距离称为焦深。物镜的焦深与数值孔径和放大率成反比,数值孔径和放大率越大,焦深越小。因此,在使用油镜时需要细心调节,否则物像极易从视野中滑过而不能找到。

三、实验器材

1.菌种:培养 12～18 h 的枯草杆菌(*Bacillus subtilis*)斜面培养物 3～4 支。
2.标本片:细菌三种基本形态的染色标本,特殊形态细菌染色标本(示范镜)。
3.仪器及相关用品:显微镜,香柏油,二甲苯(或 1∶1 的乙醚酒精溶液),擦镜纸。
4.其他用品:盖玻片,凹玻片,吸水纸,酒精灯,接种环,牙签,凡士林。

四、实验程序

(一)显微镜(油镜)操作

1.领取并检查显微镜:按学号向实验指导老师领取显微镜,所有实验课均对号使用。从显微镜箱中取出显微镜时,用右手紧握镜臂,左手托住镜座,直立平移(图1-7),轻轻放置在实验台上(图1-8)。检查各部件是否齐全,镜头是否清洁。若发现有问题应及时报告老师。

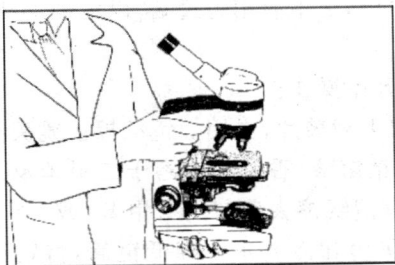

图 1-7　显微镜的搬动

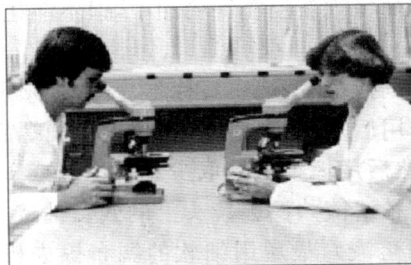

图 1-8　显微镜的放置

2.调节光源:良好的照明是保证显微镜使用效果的重要条件。将低倍镜旋转到工作位置,用粗调螺旋提升镜筒,使镜头距离载物台 10 mm 左右,降低聚光镜的位置,完全打开虹彩光阑,一边看目镜,一边调节反光镜镜面的角度(在正常情况下,一般用平面反光镜;若自然光线较弱,则可用凹面反光镜)。然后,调节聚光器的位置(酌予升降),直至视野内得到均匀适宜的亮度。

3.低倍镜观察:使用低倍镜观察,视野较广,焦深较大,便于搜寻目标,因此宜从低倍镜开始观察。将载玻片标本(涂面朝上)置于载物台中央(图1-9),用压片夹固定(图1-10),并将标本部位移到正中,转动粗调螺旋(图1-11),使镜头与标本的距离降到 10 mm 左右。然后,一边看目镜内的视野,一边调节粗调螺旋缓慢升高镜头,至视野内出现物像时,改用细调螺旋(图1-12),继续调节焦距和照明,以获得清晰的物像,并将所需部位移到视野中央,再换中、高倍镜观察(图1-13)。

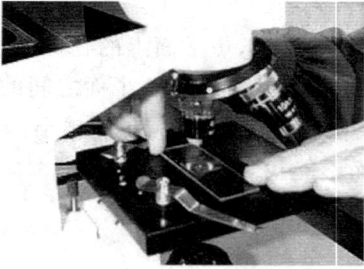

图 1-9　将载玻片标本置于载物台中央　　　图 1-10　用压片夹固定载玻片标本

图 1-11　转动粗调螺旋　　　图 1-12　转动细调螺旋　　　图 1-13　转换物镜

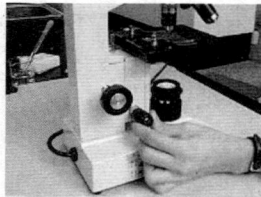

4. 中、高倍镜观察：依次用中、高倍镜观察低倍镜下锁定的部位，并随着物镜放大倍数的增加，逐步提升聚光器增强光线亮度。找出所需目标，将其移至视野中央。

5. 油镜观察：将聚光器提升至最高点，转动转换器，移开高倍镜，使高倍镜和油镜成"八"字形，在标本中央滴一小滴香柏油，把油镜镜头浸入香柏油中，微微转动细调螺旋，直至看清物像。如果油镜上升至离开油面还未看清物像，则需重新调节。可从侧面注视，小心地转动粗调节器将油镜重新浸在香柏油中，但不能让油镜压在标本上，更不能用力过猛，以免击碎玻片，损坏镜头。

6. 调换标本：观察新标本片时，必须重新从第 3 步开始操作。

7. 用后复原：观察完毕，转动粗调螺旋提升镜筒，取下载玻片，先用擦镜纸擦去镜头上的香柏油，然后用擦镜纸蘸取少许二甲苯或 1∶1 的乙醚酒精溶液（香柏油可溶于二甲苯及 1∶1 的乙醚酒精溶液），擦去镜头上的残留油迹，再用干净的擦镜纸擦去残留的二甲苯（或 1∶1 的乙醚酒精溶液），最后用细软的绸布擦去机械部件上的灰尘和冷凝水。降低镜筒，将物镜转成"八"字形置于载物台上。降低聚光器，避免聚光器与物镜相碰。使反光镜垂直于镜座，以防受损。将显微镜放回显微镜箱中锁好，并放入指定的显微镜柜内。

（二）细菌形态观察

1. 结合显微镜（油镜）的使用，观察三个细菌染色片（球菌、杆菌和螺旋菌，如图 1-14 所示），并绘图。

2. 看示范镜，观察双球菌和四联球菌（如图 1-15 所示），并绘图。

（三）细菌运动性观察

有些细菌具有鞭毛，能在水中自由运动。细菌运动常用水浸片法和悬滴法观察。

1. 水浸片法

用接种环取培养 12～18 h 的枯草杆菌菌液一环，置于干净的载玻片中央，盖上盖玻片（图 1-16，注意不使产生气泡），用低倍镜找出目标后，再换用中倍至高倍镜观察。

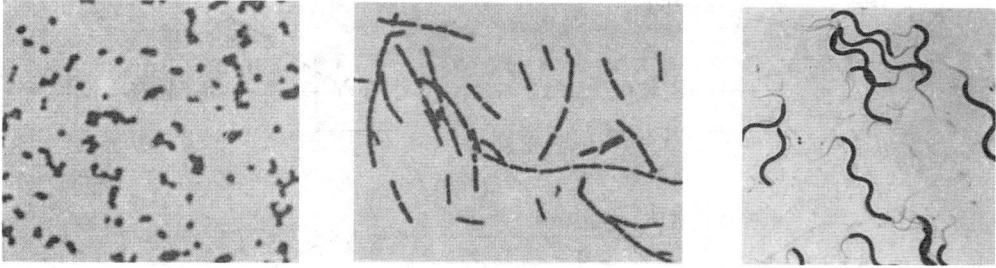

图 1-14 球菌、杆菌和螺旋菌

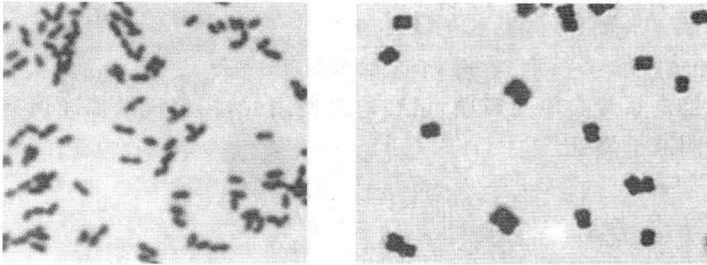

图 1-15 双球菌和四联球菌

图 1-16 水浸片的制备

2.悬滴法

取一洁净的盖玻片,用牙签挑取少量凡士林,涂于盖玻片四角;再按无菌操作要求,用接种环从斜面底部取培养 12～18 h 的枯草杆菌菌液一环,置盖玻片中央(菌液呈水珠状);接着取凹玻片一块,将凹窝向下覆盖在带有菌液的盖玻片上;翻转凹玻片,使液滴悬于盖玻片表面(图1-17)。悬滴片制成后,先用低倍镜找到水滴,再换高倍镜观察,可以看到活跃的细菌运动。

五、注意事项

1.不要擅自拆卸显微镜的任何部件,以免损坏设备。

2.拭擦镜面请用擦镜纸,不要用手指或粗布,以保持镜面的光洁度。

3.观察标本时,请依次用低倍、中倍、高倍镜,最后再用油镜。在使用高倍镜和油镜时,请不要转动粗调螺旋降低镜筒,以免物镜与载玻片碰撞而压碎玻片或损伤镜头。

4.观察标本时,请两眼睁开,一方面养成两眼轮换观察的习惯,以减轻眼睛疲劳,另一方面养成左眼观察、右眼注视绘图的习惯,以提高效率。

5.取显微镜时,请用右手紧握镜臂,左手托住镜座,切不可单手拎镜臂,更不可倾斜拎镜臂。

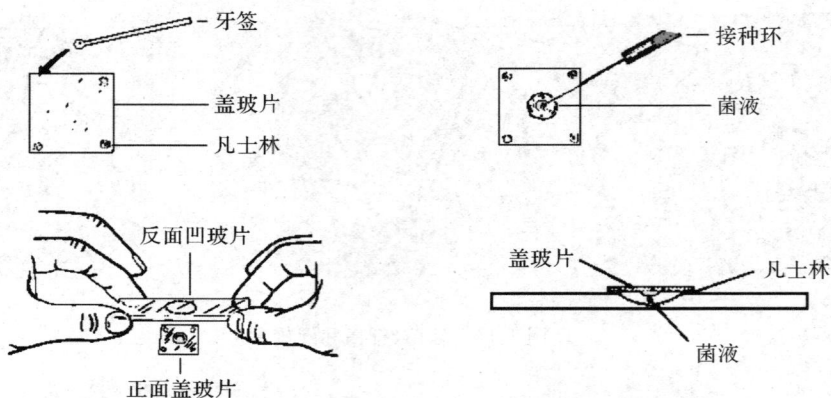

图 1-17 菌液悬滴的制备

6.沾有有机物的镜片会滋生霉菌,请在每次使用后,用擦镜纸擦净所有的目镜和物镜,并将显微镜存放在阴凉干燥处。

六、问题与思考

1.使用显微镜的油镜时,为什么必须使用镜头油?

2.比较低倍镜及高倍镜和油镜在数值孔径、分辨率、放大率和焦深方面的差别。

3.镜检标本时,为什么先用低倍镜观察,而不直接用高倍镜或油镜观察?

实验 2 相差显微镜的使用

细菌标本没有染色时,菌体的折光性与周围背景相近,在光学显微镜下不易看清。相差显微镜(phase contrast microscope)是一种能将光线通过透明标本后产生的光程差(即相位差)转化为光强差的特殊显微镜。以相差显微镜观察标本,可以克服光学显微镜的缺陷,看清活细胞及其细微结构,并产生立体感。

一、目的要求

1.了解相差显微镜的构造和原理。

2.掌握相差显微镜的使用方法。

二、基本原理

(一)相差显微镜的工作原理

光线通过透明标本时,光的波长(颜色)和振幅(亮度)不会发生明显的变化。因此,采用普通光学显微镜观察未经染色的标本,一般难以分辨细胞的形态和内部结构。然而,由于细胞各部分的折射率和厚度不同,光线穿过标本时,直射光和透射光会产生光程差,并由此导致光波相位差(图 2-1)。通过相差显微镜上的特殊装置——环状光阑和相板,利用光的干涉原理,可将光波的相位差转变为人眼可以察觉的振幅差,即明暗差(图 2-2)。视野上的明暗差可增强检视物的对比度,从而看清在普通光学显微镜下不易看到的活细胞及其细微结构(图 2-3)。

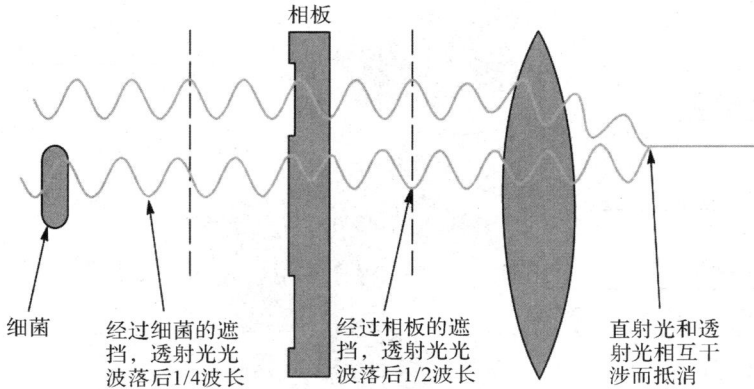

图 2-1　直射光与透射光相互干涉而抵消,在明亮的视野中产生黑暗的物像

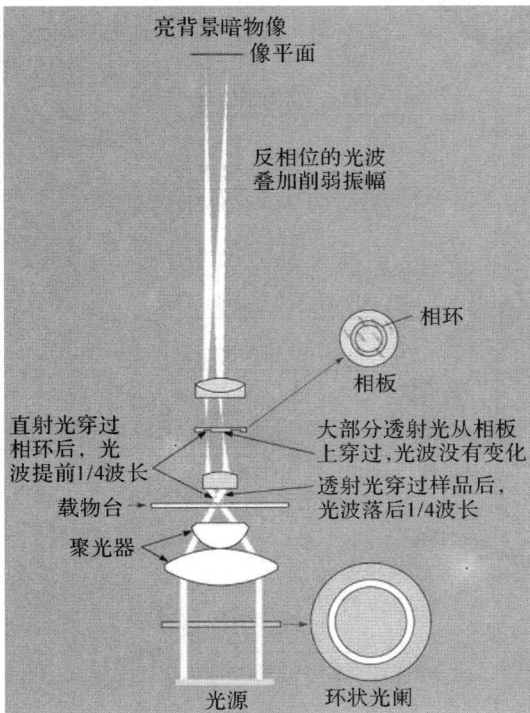

图 2-2　相差显微镜成像原理

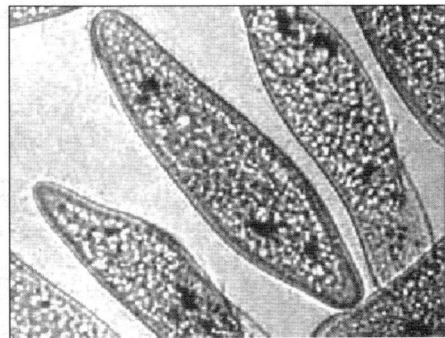

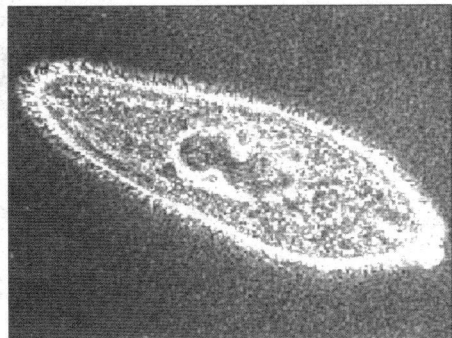

图 2-3　普通光学显微镜的物像(上)
与相差显微镜的物像(下)

(二)相差显微镜的构造

　　奥林巴斯(OLYMPUS)生物显微镜是从日本进口的一种双筒光学显微镜。它是目前微生

物实验室中常用的研究工具。现以奥林巴斯生物显微镜为例介绍相差显微镜的构造。

　　奥林巴斯生物显微镜由照明系统、机械系统和光学系统组成(图2-4)。照明系统包括电源插头、主开关、电压调节旋钮、保险丝、灯泡等。调节电压调整旋钮可以控制显微镜光源的亮度，随着电压增大，亮度也增大。

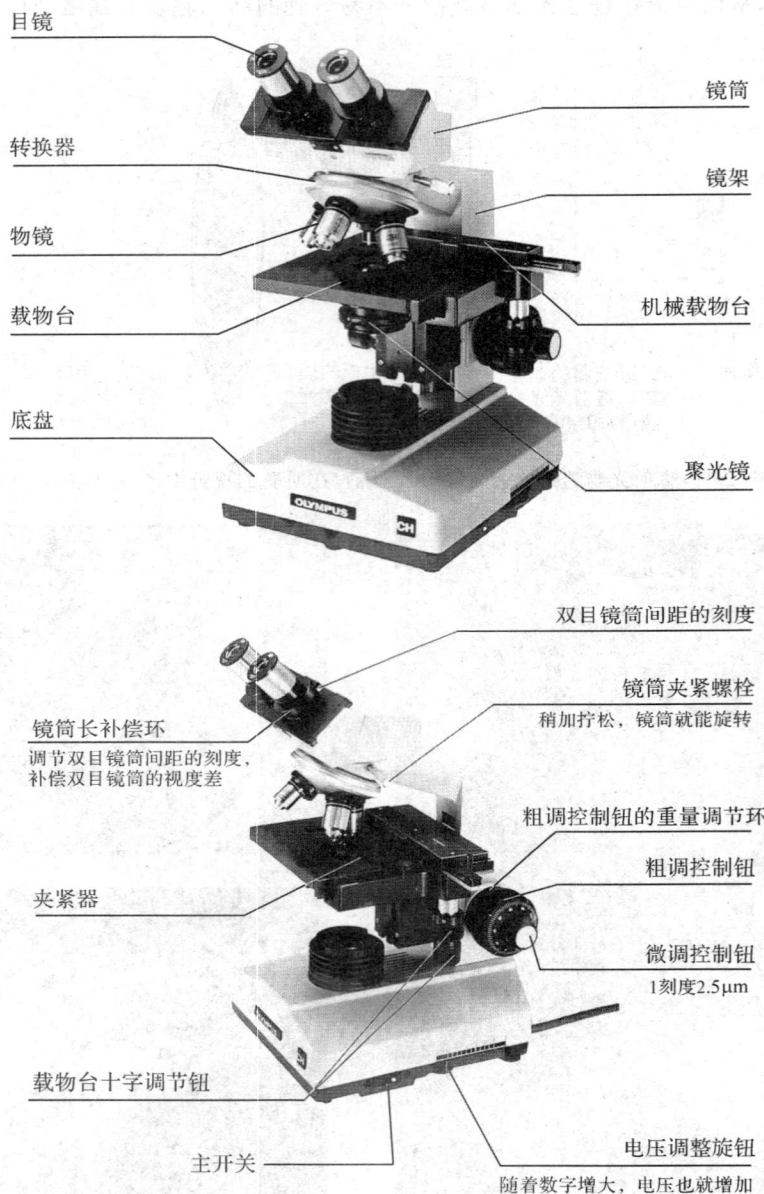

図 2-4　奥林巴斯显微镜构造

　　机械系统包括底盘(镜座)、镜架(镜臂)、镜筒、载物台、转换器、调节器等。底盘支撑整个显微镜。镜架连接显微镜各部分。镜架上的调节器(粗调控制钮和微调控制钮)可以调节镜筒的伸缩。粗调控制钮上设有重量调节环，向顺时针旋转，可加重转动粗调控制钮所需的力量。粗调控制钮上还设有粗调锁档，调节粗调控制钮把焦点对准标本后，固定粗调锁档可限制粗调控制钮运动。换片后,将粗调控制钮调至粗调锁档固定的位置上,可以快速对焦,只要调节微调控制钮就可找到清晰的物像。镜架上的载物台由夹紧器和十字调节钮组成,夹紧器(功能类似压片夹)用于固定载玻片标本,十字调节钮用于调节标本的前后左右移动。镜筒上部设有镜筒长补偿环,转动补偿环可以调节双目镜筒的视度差,拉动镜筒还可以调节双目镜筒间距。镜筒下部设有物镜转换器(图2-5),可以选用不同放大倍数的物镜。

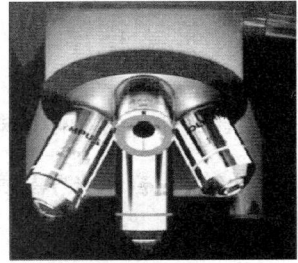

图2-5 物镜转换器

　　光学系统包括目镜、定中心望远镜、相差物镜、聚光镜、环状光阑、绿色滤光片等。奥林巴斯生物显微镜具有两个镜筒,两个目镜,常用的放大倍数为10×和15×。定中心望远镜(图2-6)也称辅助目镜或合轴调整望远镜,是相差显微镜的一个重要部件。使用时拔出目镜,安装在镜筒上端,用以调节环状光阑与相环的重合(图2-2),使环状光阑中心与相差物镜光轴处在一条直线上。相差物镜是相差显微镜的另一个重要部件。相板安装在物镜的后焦平面上(图2-2),可改变直射光和透射光的振幅和相位。相差物镜上刻有红色ph或一个红圈标记,ph是phase的缩写,奥林巴斯相差物镜用红圈标记。常用的相差物镜放大倍数有10×、20×、40×(弹簧加重)和100×(弹簧加重)。聚光镜位于载物台下面,可上下移动,调节进入物镜光线的强弱。环状光阑(图2-7)位于聚光镜下面,也是相差显微镜的重要部件。环状光阑上有一环状的光线通道,来自光源的直射光只能从环状通道穿过,形成一个空心圆筒状的光柱,经过聚光镜照射到标本以后,一部分保持直射光,另一部分转变为透射光,产生相位差。环状光阑设置在一个转盘上(图2-7),相差转盘的各环状光阑边上刻有10×、20×和40×等字样,与不同放大倍数的物镜相匹配。相差显微镜还有一个重要部件是绿色滤光片。插入绿色滤光片,可使光源波长一致,加强干涉效果。

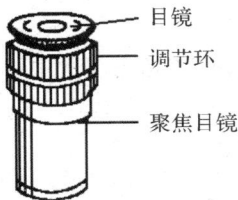

图2-6 定中心望远镜

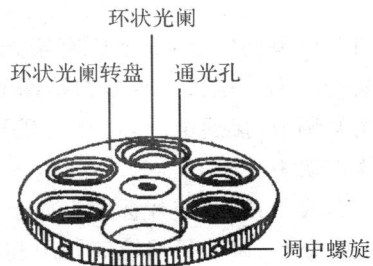

图2-7 环状光阑与环状光阑转盘

三、实验器材

1.菌种:培养12～18 h的枯草杆菌(*Bacillus subtilis*)。

2.标本片:三种基本形态的细菌染色标本。

3.仪器及相关用品:显微镜,香柏油,二甲苯(或1:1的乙醚酒精溶液),擦镜纸。

4.其他用品:载玻片,盖玻片,吸水纸,酒精灯,接种环。

四、实验程序

奥林巴斯生物显微镜既可作为普通光学显微镜使用,也可作为相差显微镜使用。

(一)作为普通光学显微镜使用

1. 接通电源。
2. 打开主开关。
3. 移动电压调整旋钮,使光亮度适中。
4. 把载玻片标本安放到载物台的夹紧器上。
5. 调节目镜镜筒间距和视度差。
6. 松开粗调锁档。
7. 将环状光阑转盘调至 0 处(对准通光孔)。
8. 选用低倍镜,旋转粗调和微调控制钮对焦。
9. 锁定粗调锁档。
10. 换用中倍和高倍镜观察。
11. 换用油镜观察,移开高倍镜,在载玻片标本上加一滴香柏油,将油镜浸至油滴中,提升聚光镜,旋转微调控制钮,直至见到清晰的物像。
12. 观察完毕,参照普通光学显微镜的要求用擦镜纸擦净镜头,将电压调节旋钮调至 0 处,关闭主开关,拔出电源插头。然后清理并收存好显微镜。

(二)作为相差显微镜使用

1. 相差设备的安装:取下原有聚光镜和物镜,安上相差聚光镜和相差物镜,并将环状光阑转盘调至 10× 处,用 10× 相差物镜调节光强。
2. 光源调节:接通电源,打开主开关,移动电压调整旋钮,使光亮度适中。将绿色滤光片插入滤光片支架中。
3. 标本放置:把载玻片标本安放至载物台的夹紧器上。
4. 目镜调整:调节目镜镜筒间距和视度差。
5. 视野调整:松开粗调锁档,用 10× 相差物镜观察,调焦至看清物像。打开或缩小虹彩光阑 1～2 次,可见明亮视野的面积跟着变化。调节虹彩光阑,使视野中央亮度较大且较均匀。
6. 中心轴调整:取下原有目镜,换上定中心望远镜(图 2-8)。升降镜筒,至看清物镜中的相环。由于相板位置是固定的,而环状光阑的位置是可变的,因此可操纵相差聚光镜调节柄(图 2-9),使相环与环状光阑的亮环完全重合。
7. 样本观察:取下定中心望远镜,放回目镜即可进行标本观察。
8. 中、高倍镜观察:依次用中、高倍相差物镜观察低倍镜下锁定的部位,并随着所用相差物镜放大倍数的增加,旋转相差环状光阑转盘以提高环状光阑的放大倍数,逐步提升聚光镜增强光线亮度。
9. 油镜观察:将聚光镜提升至最高点,相差环状光阑的放大倍数置于 100× ,转动转换器,移开高倍镜,使高倍镜和油镜成"八"字形,在标本中央滴一小滴香柏油,把油镜镜头浸入香柏油中,微微转动细调控制钮,直至看见清晰的物像。如果在更换不同放大倍数的相差物镜时,物

图 2-8　将定中心望远镜插入镜筒

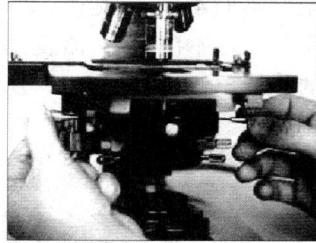

图 2-9　调节相差环状光阑转盘上的调中螺旋调整中心轴

像看不清楚,则需重复(6)和(7)步骤。

10.用后复原:观察完毕,取下载玻片,用擦镜纸擦净镜头,将电压调节旋钮调至 0 处,关闭主开关,拔出电源插头。最后参照普通光学显微镜的要求,清理并收存好显微镜。

五、注意事项

1.载玻片厚度应控制在 1 mm 左右,盖玻片厚度不超过 0.17 mm。
2.虹彩光阑应充分打开,以提高光强。
3.不同型号的光学部件不能互换使用。

六、问题与思考

1.试述相差显微镜的光学原理。
2.相差显微镜有哪些重要部件? 它们各起什么作用?

实验 3　荧光显微镜的使用

荧光显微镜(fluorescence microscope)是以紫外光或蓝紫光作为光源的显微镜,通过它可以看清发出荧光的细胞结构和部位。它常用于荧光素标记标本的观察和非透明样品中的微生物计数。

一、目的要求

1.了解荧光显微镜的构造和原理。
2.掌握荧光显微镜的使用方法。

二、基本原理

荧光显微镜以紫外光或蓝紫光作为光源,在紫外光和短波光的激发下,标本产生荧光,通过物镜和目镜系统的放大,可以观察到发出荧光的细胞结构和部位。通过荧光显微镜物镜看到的颜色不是标本的本色,而是荧光的颜色。荧光显微镜分透射式和落射式两种。透射式荧光显微镜的光源位于标本的下方,激发本身不进入物镜,只有荧光进入物镜,视野较暗。落射式荧光显微镜的光源位于标本的上方,视野较亮,对透明和非透明样品都能观察。荧光显微镜及其显微照片见图 3-1。

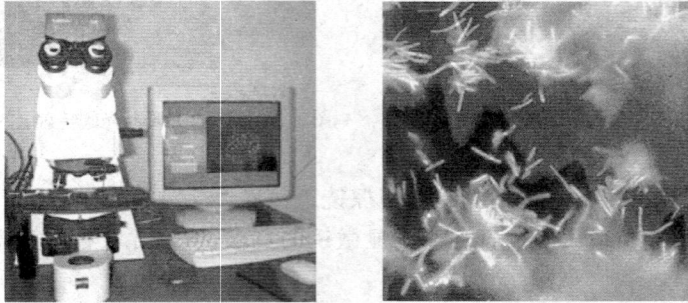

图 3-1　荧光显微镜(左)和产甲烷菌荧光显微照片(右)

三、实验材料

1.菌种:甲酸产甲烷杆菌(*Methanobacterium formicicum*)液体培养物(2～3 支)。

2.仪器及相关用品:荧光显微镜,香柏油,二甲苯(或 1∶1 的乙醚酒精溶液),擦镜纸,无荧光油。

3.其他用品:载玻片,盖玻片,吸水纸,酒精灯,1 mL 注射器。

四、实验程序

下面以观察产甲烷菌为例说明荧光显微镜的使用方法。

1.用 1 mL 注射器取少量产甲烷菌培养液制成水浸片(图 1-16)。

2.将水浸片安放至载物台的夹紧器上。

3.开启荧光显微镜稳压器,然后按下启动钮,开启紫外灯(注意:汞灯启动 15 min 内不得关闭,关闭后 3 min 内不得再启动)。

4.将激发滤光片转至 V,分色片调到 V,选用 495 nm 或 475 nm 波阻挡滤光片。

5.选用 UVFL40,UVFL100 荧光物镜镜检。

6.在水浸片上加无荧光油,先用 40×物镜,再用 100×物镜调焦镜检,产甲烷细菌发出淡黄绿色荧光。

7.受紫外光照射后,荧光物质发出的荧光强度随时间延长而逐渐减弱,镜检时应经常更换视野。

8.镜检完毕,取下载玻片,做好荧光显微镜的清洁和存放工作。

五、注意事项

1.使用透射式荧光显微镜时,应注意光轴中心的调整。

2. 镜检荧光应在暗室中进行,并尽量缩短时间。

3. 启动高压汞灯,等待 15 min,汞灯稳定后方可使用。不要频繁开启高压汞灯,若在短时间内多次开启,会使汞灯寿命大大缩短。

4. 镜检标本时,宜先用可见光观察,锁定物像后,再换用荧光观察,这样可延长荧光消退时间。

5. 根据被检标本荧光的色调,选择恰当的滤光片。

6. 紫外线可损伤眼睛,避免直视激发光。

7. 光源附近禁止放置易燃物品。

六、问题与思考

1. 试述荧光显微镜的工作原理。
2. 试述荧光显微镜的功能。

第二部分　微生物形态和结构观察

个体形态和细胞结构是微生物的重要特征,也是识别和鉴定微生物的主要依据之一。微生物个体微小,要研究它们的形态和结构,通常需要显微镜;在许多情况下,还需要对标本进行染色。学习和掌握形态学观察技术,对于研究、开发和利用微生物具有重要意义。

实验 4　细菌染色和形态结构观察

细菌的基本形态主要有球状、杆状和螺旋状。在适宜的生长条件下,细菌细胞一般在幼龄阶段呈现特定形态。但若培养条件发生变化或培养物老龄化,菌体形态会出现异常。

细菌个体微小且无色透明,对光线的吸收和反射与水溶液差别不大,直接在显微镜下观察,不易看清它们的真实面目。对菌体进行染色,可以增加反差,显现细菌的一般结构和特殊结构。染色技术是微生物形态学研究的重要手段,它可分为简单染色、鉴别染色和特殊染色三种类型。

一、简单染色法

(一)目的要求

1.学习细菌涂片的基本技术。

2.掌握细菌简单染色法。

3.熟练掌握显微镜油镜的使用技术。

(二)基本原理

简单染色是采用一种染料使细菌着色的染色方法。微生物细胞含有蛋白质、核酸等两性电解质,在酸性溶液中离解出碱性基团而带正电荷,在碱性溶液中离解出酸性基团而带负电荷。细菌的等电点为 pH 2~5。在中性(pH 7)、碱性(pH>7)或偏酸性(pH 6~7)溶液中,细胞的等电点低于溶液的 pH 值,因此菌体一般带负电荷。因为电离后碱性染料带正电荷,可与菌体内的负电荷结合,所以在细菌学研究中大多采用碱性染料进行染色。常用的碱性染料有碱性复红、番红、结晶紫、孔雀绿、美蓝等。

（三）实验器材

1.菌种：牙垢细菌。
2.染色液：石炭酸复红染色液。
3.仪器及相关用品：显微镜，香柏油，二甲苯（或 1：1 的乙醚酒精溶液），擦镜纸。
4.其他用品：蒸馏水，载玻片，盖玻片，吸水纸，酒精灯，火柴，接种环，镊子，无菌牙签。

（四）实验程序

简单染色的操作过程如图 4-1 所示。

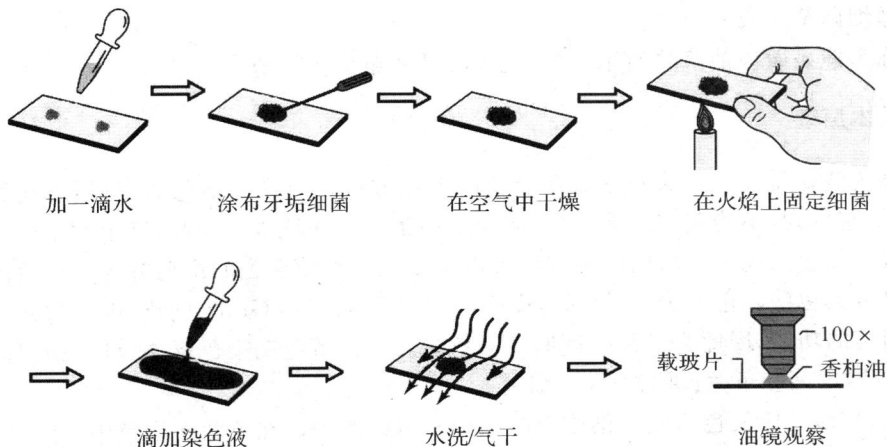

图 4-1　细菌的简单染色与显微镜观察

1.涂片：取一片洁净无油污的载玻片（通常保存于盛有酒精的广口瓶内，用镊子取出载玻片，在酒精灯上引燃载玻片表面的酒精，冷却后即可使用），在中央滴一小滴蒸馏水，用无菌牙签取少许牙垢，与水滴混匀，涂成薄层（直径约为 10 mm）。

2.干燥：让涂片自然干燥，也可将涂面朝上在酒精灯上稍稍加热，使其干燥。注意切勿离火焰太近，温度过高会破坏菌体形态（用手背接触载玻片反面，以皮肤不觉得烫为宜）。

3.固定：涂片染色前必须先固定，目的是杀死细菌，使菌体粘附于载玻片上，同时增加菌体对染料的亲和力。固定时应尽量维持菌体原有形态，防止细胞膨胀或收缩。手执载玻片，涂面朝上，在酒精灯上快速通过火焰 3 次。待载玻片冷却后，再进行染色。

4.染色：将载玻片置于平台上，在整个涂面上滴加石炭酸复红染色液，染色 1 min 左右。

5.水洗：染色时间一到，倾去染色液，用自来水细流冲洗涂片，直到流水中无染料颜色为止。

6.干燥：可轻轻甩去载玻片上的水珠，使其自然干燥；也可用吸水纸吸去载玻片上的水珠。

7.镜检：用低倍镜找到标本后，再用油镜观察各种牙垢细菌的形态，并绘出典型的视野图。

（五）注意事项

1.载玻片要求清洁无油污，否则会导致菌液涂布不开或镜检时把脏东西误视为菌体。
2.挑菌量宜少，涂片要薄而均匀，过厚菌体会导致细胞重叠而不便观察。

3.染色时间与细菌种类、染色液种类、染色液浓度有关,应根据具体情况做适当调整。

(六)问题与思考

1.涂片为什么要固定?固定时应注意什么问题?
2.你在简单染色过程中遇到了什么问题?试分析原因。

二、革兰氏染色法

(一)目的要求

1.熟练掌握细菌涂片的基本技术。
2.掌握细菌革兰氏染色法。
3.熟练掌握显微镜油镜的使用技术,观察细菌的革兰氏反应。

(二)基本原理

简单染色法是采用一种染料使细菌着色的染色方法。经简单染色后,只能观察细菌的大小、形状和细胞排列,不能鉴别细菌,也不能观察细菌的特殊结构。为此,微生物工作者创建了复合染色法。复合染色法是采用两种或两种以上染料使细菌着色的染色方法。革兰氏染色法就是一种复合染色法。它于1884年由丹麦病理学家Christian Gram创建,由于这种染色方法具有鉴别细菌的功能,因此它又是一种鉴别染色法。根据革兰氏染色反应,可把细菌区别为革兰氏阳性(G$^+$)细菌和革兰氏阴性(G$^-$)细菌。

一般认为,革兰氏染色反应与细胞壁的结构和组成有关。在革兰氏染色中,经过结晶紫初染和碘液复染,菌体内形成深紫色的"结晶紫-碘"复合物。对于革兰氏阴性细菌,这种复合物可用酒精从细胞内浸出,而对于革兰氏阳性细菌,则不易浸出。其原因是革兰氏阳性细菌的细胞壁较厚,肽聚糖含量较高,脂类含量较低,用酒精脱色时,可引起细胞壁肽聚糖层脱水,网孔缩小以至关闭,阻止"结晶紫-碘"复合物外逸,从而保留初染的紫色;革兰氏阴性细菌细胞壁较薄,肽聚糖含量较少,脂类含量较高,用酒精脱色时,可引起脂类物质溶解,细胞壁透性增大,"结晶紫-碘"复合物溶出,菌体呈现番红复染的红色。

(三)实验器材

1.菌种:大肠杆菌(*Escherichia coli*)24小时的斜面培养物,枯草杆菌(*Bacillus subtilis*)12~16小时的斜面培养物。
2.染色液:结晶紫,碘液,番红,95%酒精,蒸馏水。
3.仪器及相关用品(1套/组):显微镜,香柏油,二甲苯(或1:1的乙醚酒精溶液),擦镜纸。
4.其他用品:载玻片,盖玻片,吸水纸,酒精灯,火柴,接种环,镊子,特种铅笔。

(四)实验程序

1.涂片:取一块洁净的载玻片,用特种铅笔在载玻片的左右侧,注上菌号,并在载玻片两端各滴一滴蒸馏水。将接种环在火焰上灼烧灭菌,采用无菌操作(图4-2)在①号菌(大肠杆菌)菌苔上挑取少许菌体(不要挑起培养基),放在载玻片一端的水滴中,涂成均匀的薄层(图 4-3)。接种环使用后,必须立即用火焰灼烧灭菌。再用经火焰灭菌的接种环取②号菌(枯草杆菌)菌苔涂片。按照简单染色法的操作程序进行干燥固定。

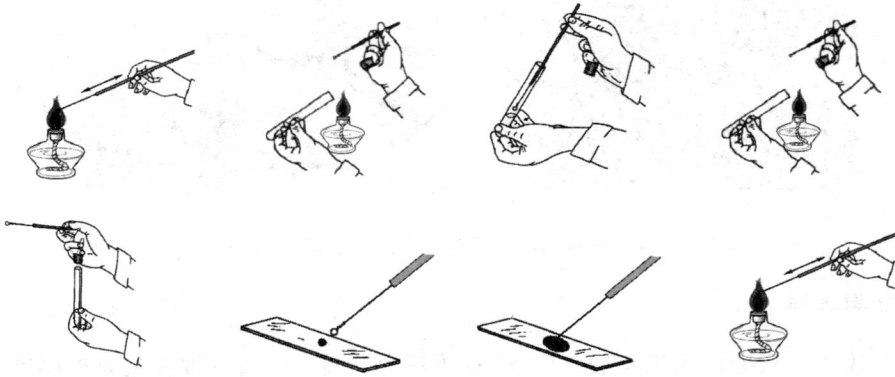

图 4-2　涂片无菌操作过程

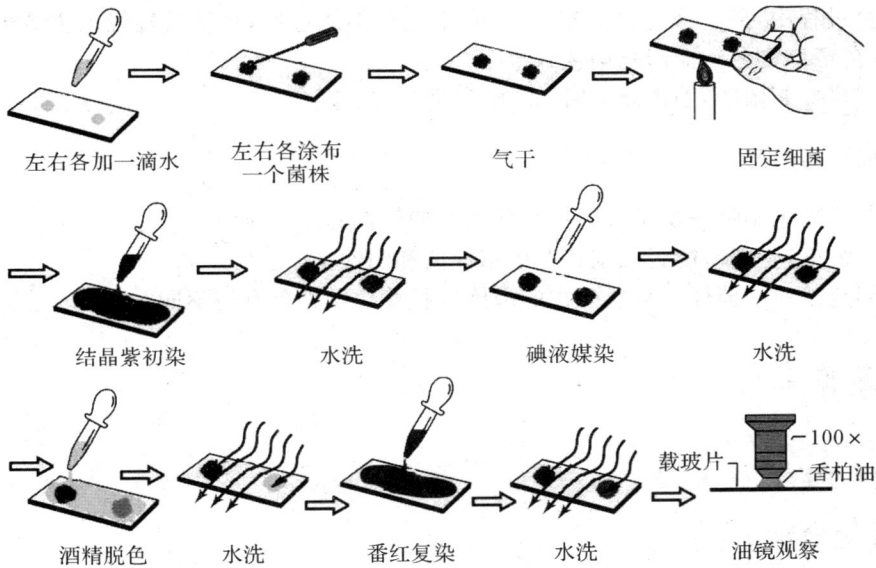

左右各加一滴水　　左右各涂布一个菌株　　气干　　固定细菌

结晶紫初染　　水洗　　碘液媒染　　水洗

酒精脱色　　水洗　　番红复染　　水洗　　油镜观察

载玻片　　100×　　香柏油

图 4-3　细菌的革兰氏染色与显微镜观察

2.初染:将涂片置于平台上,在两个涂面上滴加结晶紫染色液,染色 1 min,然后倾去染色液,用自来水细流冲洗,至洗出液中无紫色。

3.媒染:先用新配的碘液冲去涂片面上的残余水,或用吸水纸吸干涂片上的残余水,再用碘液覆盖涂面媒染 1 min,然后水洗。

4.脱色:除去残余水后,滴加 95% 酒精进行脱色,至载玻片上流出的酒精液中紫色接近消失为止(约 30 s),并立即用自来水细流冲洗,终止酒精的作用。

5.复染:滴加番红染色液,染色 3～5 min,水洗后用吸水纸吸干。

6.镜检:用低倍镜找到标本后,再用油镜观察染色后的大肠杆菌和枯草杆菌,并绘图说明染色结果(图 4-4)。

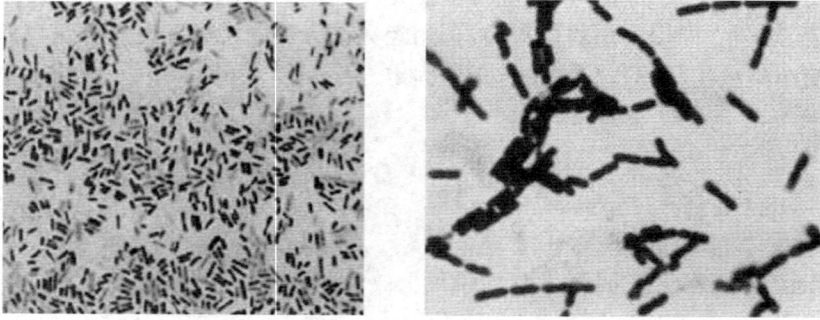

图 4-4　视野内的大肠杆菌(左)和枯草杆菌(右)

(五)注意事项

1.革兰氏染色成败的关键是脱色时间,如果脱色过度,G^+菌可被脱色而被误判为 G^- 菌。如果脱色时间过短,G^-菌也会被误判为 G^+ 菌。涂片厚薄以及脱色乙醇用量则会影响结果。要检验一个未知菌的革兰氏反应,应同时做一张已知菌和未知菌的混合涂片,以作对照。

2.染色过程中,染色液应覆盖整个涂面,染色液不能过浓,水洗后轻轻甩去载玻片上的残余水珠,以免稀释染色液而影响染色效果。

3.要严格控制菌龄,菌体衰老时,G^+菌常呈 G^- 反应。

(六)问题与思考

1.革兰氏染色中哪一步是关键?为什么?如何控制这一步?

2.不经复染这一步,能否区别革兰氏阳性菌和阴性菌?

3.以固定杀死的菌体与自然死亡的菌体进行革兰氏染色有何不同?

三、芽孢染色法

(一)目的要求

1.了解细菌芽孢染色法。

2.观察示范镜,识别细菌细胞中的芽孢。

(二)基本原理

芽孢染色法是为了观察细菌芽孢而设计的一种特殊染色法。细菌芽孢含水量少,脂肪含量高,芽孢壁较厚,对染料的渗透性差,不易着色。但是,一旦着色则较难脱色。根据芽孢和菌体对染料亲和力的差异,先用一种弱碱性染料孔雀绿,在加热的条件下使芽孢着色;再用自来水冲洗,菌体中的孔雀绿易被洗掉,而芽孢中的孔雀绿难以溶出;最后用碱性石炭酸复红复染,菌体被染成红色,芽孢则呈绿色。

(三)实验器材

1.菌种:苏云金芽孢杆菌(*Bacillus thuringiensis*)。

2. 染色液:孔雀绿染色液,石炭酸复红染色液,蒸馏水。

3. 仪器及相关用品:显微镜,香柏油,二甲苯(或1:1的乙醚酒精溶液),擦镜纸,电炉。

4. 其他用品:载玻片,盖玻片,吸水纸,酒精灯,火柴,接种环,镊子,小试管。

(四)实验程序

芽孢染色的操作过程如图4-5所示。

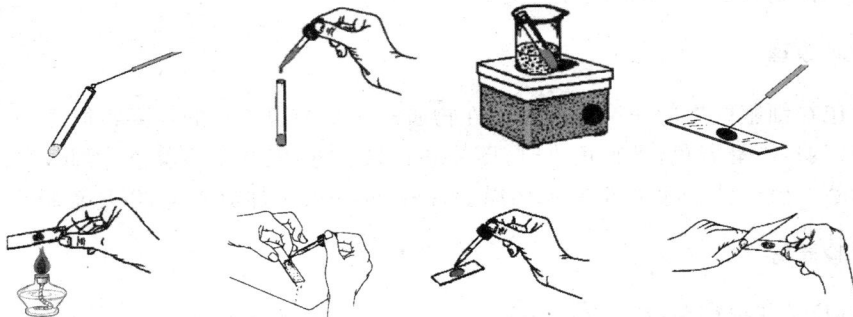

图4-5 芽孢染色的操作过程

1. 制备菌液:取一支小试管,加入1～2滴蒸馏水,再用接种环从斜面上挑取2～3环菌体至小试管中,充分打匀,制成浓稠的菌液。

2. 加染色液:取2～3滴孔雀绿染液,加入小试管,用接种环搅拌,使染色液与菌液充分混合。

3. 加热着色:将小试管浸于沸水浴中,加热15～20 min,使菌体和芽孢着色。

4. 涂菌制片:取一块洁净的载玻片,用接种环从试管底部挑取数环菌液,在载玻片上涂成薄层。

5. 干燥固定:将涂片在酒精灯火焰上干燥,然后将干燥的涂片通过酒精灯火焰3次,使菌体固定在载玻片上。

6. 菌体脱色:用自来水细流冲洗载玻片,直至流出的冲洗水不带绿色,使菌体内的染料溶出,但保持芽孢着色。

7. 菌体复染:加石炭酸复红染色液,染色1min。倾去染色液,不经水洗直接用吸水纸吸干,使菌体染上红色。

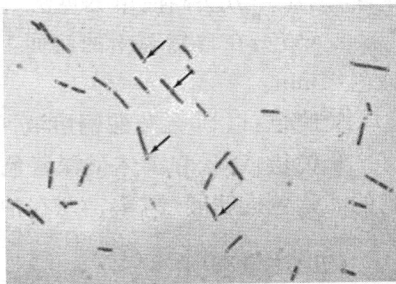

图4-6 经染色的芽孢

8. 油镜观察:先用低倍镜找到标本,再用油镜观察菌体和芽孢,并绘图说明染色结果(图4-6)。

(五)注意事项

1. 控制好芽孢细菌的菌龄,保证染色时大部分芽孢留在芽孢囊内。

2. 要获得优质涂片,需要制备浓稠的菌液,同时需要适当的涂布菌量。从小试管中取菌液时,要搅匀,以防止菌体沉于管底,取菌体量太少。

(六)问题与思考

1. 芽孢染色的原理是什么?用简单染色法能否观察到芽孢?

2. 在芽孢染色片上为什么有时会出现大量游离芽孢?

四、荚膜染色法

(一)目的要求

1. 了解细菌荚膜染色法。
2. 观察示范镜,识别细菌细胞外的荚膜。

(二)基本原理

荚膜是包在细胞壁外的一层胶状黏液性物质。它是细菌鉴定的重要特征之一。荚膜与染料的亲和力较弱,不易着色,进行负染时,菌体和背景着色,但荚膜不着色。因此,在菌体周围荚膜呈一透明圈。由于荚膜含水量在 90% 以上,制片时一般不加热固定,以免荚膜皱缩变形。

(三)实验器材

1. 菌种:胶质芽孢杆菌(*Bacillus mucilaginosus*),也称钾细菌。
2. 染色液:1% 结晶紫染色液,20% 硫酸铜溶液。
3. 仪器及相关用品:显微镜,香柏油,二甲苯(或 1:1 的乙醚酒精溶液),擦镜纸,电炉。
4. 其他用品:载玻片,盖玻片,吸水纸,酒精灯,火柴,接种环,镊子。

(四)实验程序

1. 制片:取在细菌斜面上培养 72 h 左右的胶质芽孢杆菌涂片,涂片方法同简单染色法,自然干燥,自然固定。
2. 染色:在自然晾干的涂面上,滴加 1% 结晶紫染色液染色 2 min。
3. 脱色:以 20% 硫酸铜溶液冲洗 2 次,晾干。
4. 镜检:背景和菌体呈深紫色,荚膜在菌体周围呈一明亮的淡紫色透明圈(图 4-7)。在油镜下观察,并绘图。

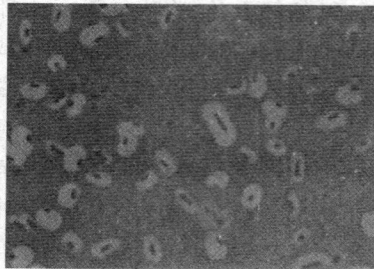

图 4-7　经染色的荚膜

(五)注意事项

制作涂片时应自然气干,否则会使荚膜缩水变形。

(六)问题与思考

荚膜染色过程中,涂片是否需要加热固定?为什么?

五、鞭毛染色法

(一)目的要求

1. 了解细菌鞭毛染色法。
2. 观察示范镜,识别细菌鞭毛。

（二）基本原理

细菌的鞭毛极细,直径约 0.01～0.02 μm,超出普通光学显微镜的分辨力,只有在电镜下才能观察。但采用鞭毛染色,可使鞭毛变粗,从而能在普通光学显微镜下观察其外形、着生部位和鞭毛数目。鞭毛染色的基本原理是先用媒染剂处理,让它沉积在鞭毛表面,使鞭毛直径加粗,再进行染色。

生长鞭毛的细菌幼龄时具有较强的运动能力,衰老后鞭毛容易脱落。染色时,宜选幼龄菌。

（三）实验器材

1. 菌种:枯草杆菌(*Bacillus subtilis*)。

2. 染色液:鞭毛染色液(A 液和 B 液),石炭酸复红染色液,蒸馏水。

3. 仪器及相关用品:显微镜,香柏油,二甲苯(或 1:1 的乙醚酒精溶液),擦镜纸,恒温培养箱。

4. 其他用品:载玻片,盖玻片,凹玻片,吸水纸,酒精灯,火柴,接种环,镊子,试管,无菌水,斜面培养基。

（四）实验程序

1. 载玻片的准备:挑选光滑无痕迹的载玻片,置于含适量洗衣粉的水中煮沸 20 min,取出载玻片,用自来水充分洗净,沥干后放入 95% 酒精中脱水。过火去酒精,立即使用。

2. 菌种活化:预先移接 5～6 代,使菌种活化,增强细菌的活动能力。染色前的最后一代菌种最好采用新鲜的加富培养基培养。先在斜面培养基底部加入 0.5～1.0 mL 无菌水,取一环经过活化的枯草杆菌菌苔,接种于斜面培养基底部的无菌水中,在 30℃ 恒温培养箱中培养 15～18 h,让枯草杆菌由水面向上爬行生长。

3. 菌液制备:用接种环轻轻挑起斜面底部水面交界处的(爬行生长)菌苔数环,小心地移入盛有 1～2 mL 与菌种同温的无菌水中,不要搅动,让有活动能力的菌体游入水中,使菌液成轻度混浊。在 30℃ 恒温培养箱中保温 10 min,让老菌体及其他杂质沉降,使幼龄菌体在无菌水中运动松散鞭毛。

4. 涂菌制片:涂片之前,先用悬滴法观察细菌的运动能力,若运动能力很强,则适宜取菌涂片。用接种环在液面上挑数环菌液,置于洗净的载玻片一端,稍稍倾斜载玻片,使菌液缓慢地流向另一端,在载玻片表面形成菌液带,自然干燥,固定(不得加热干燥,固定)。

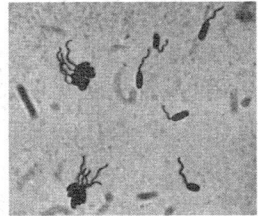

图 4-8 经染色的鞭毛

5. 鞭毛染色:①先用新配制的鞭毛染色液 A 液染色 7～8 min;②倾去 A 液,再加鞭毛染色液 B 液染色 3～5 min,水洗,自然干燥;③加石炭酸复红染色液染色 2 min,水洗,晾干。

6. 镜检:在油镜下观察鞭毛的数目及着生部位(图 4-8)并绘图。

（五）注意事项

1. 用于鞭毛染色的载玻片要特别洁净,否则会在涂片时影响菌液流动和鞭毛伸展。

2. 染色液必须每次配制,现配现用。

3.鞭毛很容易脱落,在整个操作过程中需特别小心。

(六)问题与思考

1.用于鞭毛染色的细菌为什么要事先转接几代?
2.为了提高鞭毛的染色效果,应注意什么?

实验 5 放线菌形态和结构观察

放线菌是抗生素的主要产生菌。其形态是菌种鉴定和分类的重要依据。为此,人们设计了许多方法来培养和观察放线菌的形态特征。

一、目的要求

1.学习并掌握放线菌形态结构的观察方法。
2.加深理解放线菌的形态特征。

二、基本原理

放线菌细胞一般呈无隔分枝丝状,纤细的菌丝体分为两部分,一部分菌丝伸入培养基中称为基内菌丝(或称营养菌丝),另一部分生长在培养基表面称为气生菌丝。气生菌丝的顶端分化为孢子丝,孢子丝有各种形状(如螺旋状、波浪状或直线状)。菌丝呈各种颜色,有的还能分泌水溶性色素至培养基内。孢子丝生长到一定时期即产生成串的或单个的分生孢子。对于不同的放线菌,其孢子丝的着生方式和形状各不相同。由于存在大量孢子,菌落表面呈干粉状,从菌落的形态特点,很容易与其他微生物类群区分开来。

三、实验器材

1.菌种:青色链霉菌(*Streptomyces glaucus*)培养物。
2.培养基:高氏一号琼脂培养基。
3.染色液:石炭酸复红染色液,美蓝染色液。
4.仪器及相关用品:显微镜,香柏油,二甲苯(或 1∶1 的乙醚酒精溶液),擦镜纸,电炉,恒温培养箱。
5.其他用品:载玻片,盖玻片,吸水纸,酒精灯,火柴,接种环,接种铲,镊子,培养皿,试管,解剖刀。

四、实验程序

(一)直接观察法

直接观察法常用于观察放线菌菌丝和孢子丝自然生长状况。在青色链霉菌平板培养物中，用解剖刀切下一小块培养基（长有菌丝体），放在洁净的载玻片上，选择菌苔边缘部位，在显微镜下依次用低倍镜、中倍镜、高倍镜直接观察，观察时需不断调节微调，仔细观察气生菌丝（较粗），基内菌丝（较细）和孢子丝的形状，如分枝状况、孢子丝卷曲状况等，并绘图说明。

(二)印片染色法

印片染色法常用于观察菌丝的细微结构。取一洁净的载玻片，将其在酒精灯上微微加热，再将微热的载玻片放在青色链霉菌平板培养物上面轻轻压一下（不要移动载玻片，以防弄乱印痕），反转载玻片微微加热固定，用石炭酸复红染色 1min，水洗，晾干，镜检（图 5-1）。

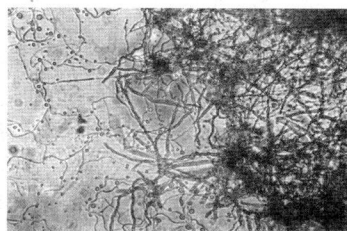

图 5-1 视野中见到的青色链霉菌

(三)插片法

1. 倒平板：融化高氏一号培养基，降温至手能握住，倒平板，凝固待用。

2. 接种：用接种环从斜面上挑起放线菌孢子，在平板培养基约一半面积上作来回划线接种。接种量可大些。线可划得密些。

3. 插片：用无菌镊子取盖玻片，在划线接种的区域内以 45° 角插入琼脂培养基内。在另一半未曾划线接种的区域也以同样方式插上数块盖玻片（图 5-2）。再用接种环挑孢子，沿盖玻片与培养基表面的钝角交线进行划线接种，接种线只划在盖玻片中央，以免菌丝蔓延到盖玻片背面。

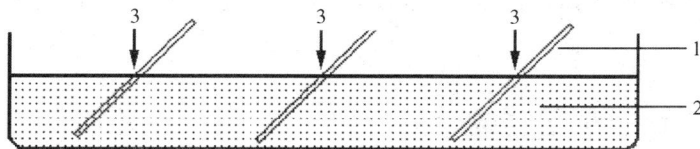

图 5-2 插片法(1.盖玻片,2.培养基,3.接种处)

4. 培养：倒置插片平板，在 28℃下培养 5 d。

5. 镜检：用镊子小心拔出盖玻片，将背面菌丝擦净（先插片后接种的可省去这一步）。然后将盖玻片有菌丝的一面向上放在洁净的载玻片上，用显微镜观察。

(四)搭片法

1. 倒平板：融化高氏一号培养基，降温至手能握住，倒平板，凝固待用。

2. 平板开槽：用接种铲在凝固的高氏一号培养基上开两个平行槽，宽 0.5 cm 左右。

3. 划线接种：用接种环从斜面挑起孢子在槽内边缘来回划线接种。

4.搭片:在接种后的槽面上放置盖玻片(图 5-3)。

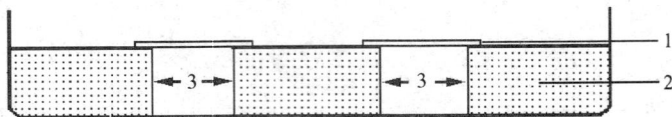

图 5-3　搭片法(1.盖玻片 2.培养基 3.接种处)

5.培养:在 28℃下培养 5 d。

6.镜检:用镊子小心取出盖玻片,然后将盖玻片有菌丝的一面向下放在洁净的载玻片上,用显微镜观察。

五、注意事项

1.镜检时要特别注意放线菌的基内菌丝、气生菌丝的粗细和色泽差异。

2.放线菌生长慢,培养时间长,在操作时应特别注意无菌操作,严防杂菌污染。

3.经 0.1%美蓝染色后,盖玻片上培养物的镜检效果更好。

六、问题与思考

1.镜检时如何区分放线菌基内菌丝和气生菌丝?

2.用插片法和搭片法制备放线菌标本的主要优点是什么?可否用此法来培养和观察其他微生物?

实验 6　真菌形态和结构观察

酵母菌和霉菌都属于真核微生物,酵母菌为单细胞个体,霉菌则由有隔或无隔的菌丝组成。

一、酵母菌形态和结构观察

(一)目的要求

1.学习并掌握酵母菌形态结构的观察方法。

2.加深理解酵母菌的形态特征。

(二)基本原理

酵母菌细胞一般呈卵圆形、圆形、圆柱形或柠檬形。酵母菌细胞核与细胞质有明显的分化,含有细胞核、线粒体、核糖体等结构,并含有肝糖粒和脂肪球等内含物。个体直径比细菌大几倍到十几倍。繁殖方式也较复杂,无性繁殖主要是出芽繁殖,有些酵母菌能形成假菌丝。有性繁殖形成子囊及子囊孢子。

观察酵母菌个体形态时,应注意细胞形态。对于无性繁殖(芽殖或裂殖),应关注芽体在母体细胞上的位置,有无假菌丝等特征。对于有性繁殖,应关注所形成的子囊和子囊孢子的形态和数目。

(三)实验器材

1.菌种:啤酒酵母(*Saccharomyces cerevisiae*)液体培养物。
2.染色液:美蓝染色液,碘液,福尔马林,0.5%苏丹Ⅲ染色液。
3.仪器及相关用品:显微镜,香柏油,二甲苯(或1:1的乙醚酒精溶液),擦镜纸。
4.其他用品:载玻片,盖玻片,吸水纸,酒精灯,火柴,接种环,镊子。

(四)实验程序

1.酵母菌形态和无性孢子的观察

采用无菌操作,以接种环在试管底部取一环啤酒酵母菌液,置载玻片中央,盖上盖玻片。加盖玻片时,先将其一边接触菌液,再轻轻放下,避免产生气泡。用高倍镜观察酵母菌的形态和出芽繁殖(图6-1)。若用美蓝染色液制成水浸片,可以区分死细胞和活细胞,死细胞呈蓝色,活细胞无色(活细胞能将美蓝还原为无色)。

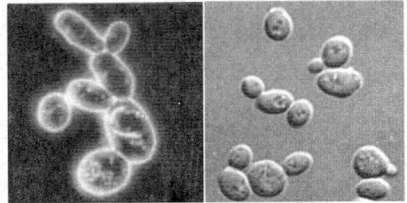

图 6-1　酵母菌

2.酵母菌肝糖染色

在洁净的载玻片上加一小滴碘液,用接种环从试管底部取一环酵母菌液,与载玻片上的碘液混匀,盖上盖玻片,镜检。菌体呈淡黄色,肝糖粒呈红褐色。在高倍镜下观察菌体形态、出芽、芽簇、肝糖粒,并绘图。

3.酵母菌脂肪粒染色

在洁净的载玻片上加一滴福尔马林,用接种环从试管底部取一环啤酒酵母与福尔马林混匀,静置5 min,加一滴美蓝染色液,10 min后再加一滴苏丹Ⅲ染色液,盖上盖玻片,镜检,原生质呈蓝色,脂肪滴呈粉红色,而液泡无色。

(五)注意事项

制片时,所取的菌体不宜太多,否则会影响观察。

(六)问题与思考

1.酵母菌与细菌细胞在形态、结构上有何区别?
2.假丝酵母生成的菌丝为什么叫假菌丝?与真菌丝有何区别?

二、霉菌形态和结构观察

(一)目的要求

1.学习并掌握霉菌形态结构的观察方法。

2. 观察霉菌的个体形态及其无性孢子和有性孢子。

(二)基本原理

霉菌由许多交织在一起的菌丝构成。菌丝可分为基内菌丝和气生菌丝。气生菌丝能分化出繁殖菌丝。菌丝直径一般比细菌和放线菌菌丝大几倍到十几倍,制片后可用低倍或高倍镜观察。在显微镜下,见到的菌丝呈管状,有的没有横隔(如毛霉、根霉),有的有横隔将菌丝分割为多个细胞(如青霉、曲霉)。菌丝可分化出多种特化结构,如假根、足细胞等。无性繁殖产生无性孢子(图 6-2),有性繁殖产生有性孢子(图 6-3)。

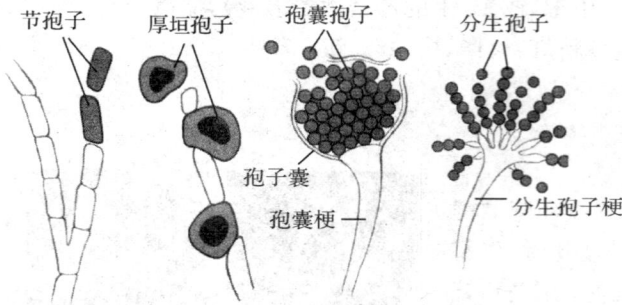

图 6-2　真菌的无性孢子　　　　　　图 6-3　真菌的有性孢子

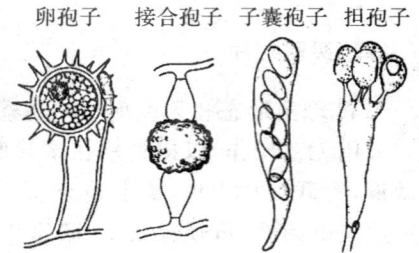

由于霉菌菌丝体较大,孢子容易飞散,将菌丝体置于水中容易变形,制片时将其置于乳酸石炭酸溶液中,可保持菌丝体原形。观察时要注意菌丝的粗细、隔膜、特殊形态,以及无性孢子或有性孢子种类和着生方式,它们是鉴别霉菌的重要依据。

(三)实验器材

1. 菌种:黄曲霉(*Aspergillus flavus*),产黄青霉(*Penicillium chrysogenum*),黑根霉(*Rhizopus niger*),蓝色梨头霉(*Abisidia coerulea*)培养物。

2. 试剂:50%酒精,蒸馏水,乳酸石炭酸溶液,乳酸石炭酸美蓝染色液,中性树胶。

3. 仪器及相关用品:显微镜,香柏油,二甲苯(或 1:1 的乙醚酒精溶液),擦镜纸。

4. 其他用品:载玻片,盖玻片,吸水纸,酒精灯,火柴,接种环,镊子,解剖针,滴管。

(四)实验程序

1. 黄曲霉形态的观察

取一块洁净载玻片,在中央加一滴酒精,采用无菌操作,以解剖针挑取黄曲霉培养物少许(菌丝略带少量培养基),放在载玻片上的酒精中,再加入酒精和蒸馏水各一滴,重复一次,使分生孢子分散,便于观察细微结构。倾去酒精和蒸馏水,加一滴乳酸石炭酸溶液(防止细胞变形和干燥,便于长时间观察),盖上盖玻片,镜检。

先从低倍镜下找到标本,将观察目标移至视野中央,然后依次换成中倍镜和高倍镜,观察菌丝隔膜、足细胞、分生孢子梗、顶囊、小梗和分生孢子(图 6-4),绘图说明它们的形态和结构特点。

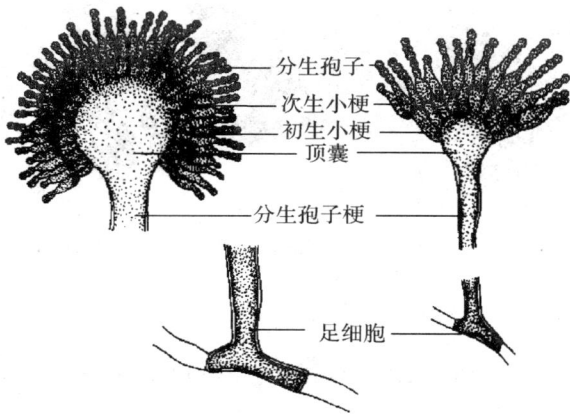

图 6-4 黄曲霉的形态特征

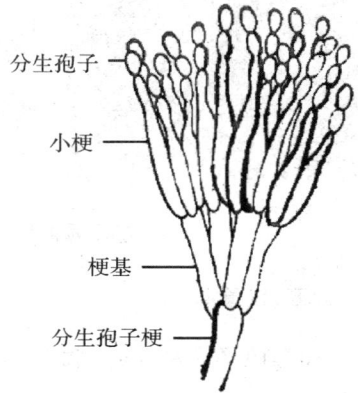

图 6-5 青霉的形态特征

2.青霉形态的观察

利用平板插片法(图 5-2),可看到较为清晰的分生孢子穗、帚状分枝以及成串的分生孢子。平板培养基接种后,待菌落长出时,在平板上斜插无菌盖玻片(角度为 30°～45°)。培养后,青霉在盖玻片一侧长出一层薄薄的菌丝体。用镊子取下轻轻盖在滴有乳酸石炭酸溶液的载玻片上,即可镜检。

要制成封闭标本片,可将制好的标本在温室中存放数日,蒸发一部分水分,然后用吸水纸擦净盖玻片周围(切勿移动盖玻片)。在盖玻片四周涂一圈中性树胶,风干后便可保存。

注意观察青霉菌丝的隔膜、分生孢子梗、小梗、分生孢子排列方式(图 6-5),并绘图。

3.黑根霉形态的观察

取经五天培养的黑根霉培养物,在低倍下观察培养皿盖上的菌丝体形态(假根、匍匐菌丝、孢囊梗、孢子囊等,图 6-6 和图 6-7)并绘图。

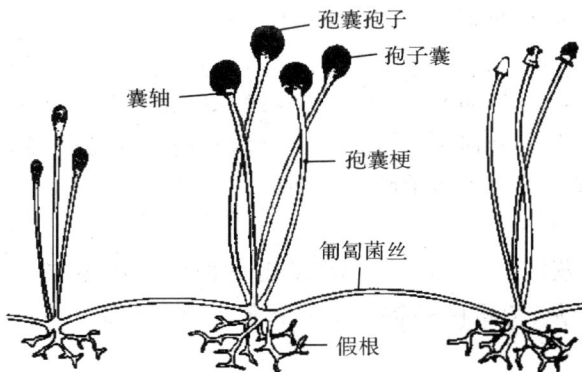

图 6-6 黑根霉的形态特征

4.接合孢子的观察

接合孢子是霉菌的一种有性孢子,由两条不同性别的菌丝特化的配子囊接合而成。黑根霉的接合孢子属于同宗配合,蓝色梨头霉的接合孢子属于异宗配合。取一块干净载玻片,滴加 1 滴蒸馏水或乳酸石炭酸美蓝染色液,用解剖针挑取“＋”、“－”菌丝间的菌丝少许,用 50％酒精浸润并用水洗涤,小心分散菌丝,加盖盖玻片后先用低倍镜,再换高倍镜,观察黑根霉(或梨头霉)接合孢子的形态(图 6-8)并绘图。

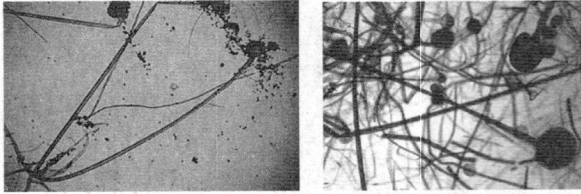

图 6-7 黑根霉的假根和孢囊　　　　　　　　　　图 6-8 黑根霉的接合孢子

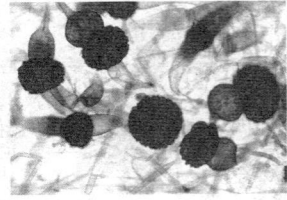

(五)注意事项

1.霉菌样品制片时,载玻片与盖玻片之间宜留一定缝隙,否则会影响对培养物结构层次的观察。

2.镜检霉菌样品时,宜先用低倍镜沿琼脂块边缘寻找合适的视野,然后再用高倍镜观察。

(六)问题与思考

1.霉菌的无性孢子和有性孢子各有几种?它们是怎样形成的?

2.青霉、黄曲霉、黑根霉的菌丝、无性繁殖方式和有性繁殖方式有何异同?

附录　染色液的配制

1.齐氏(Ziehl)石炭酸复红染色液

溶液 A:碱性复红(Basic fuchsin)0.3 g;95%乙醇 10 mL;溶液 B:石炭酸(酚)5 g;蒸馏水 95 mL。将碱性复红在研钵中研磨后,逐渐加入 95%乙醇,继续研磨使之溶解,配成溶液 A。将石炭酸溶解于水中配成溶液 B。将溶液 A 和溶液 B 混合即成石炭酸复红染色液。使用时将混合液稀释 5~10 倍,稀释液易变质失效,一次不宜多配。

2.草酸铵结晶紫染色液

溶液 A:结晶紫(crystal violet)2 g;95%乙醇 20 mL;溶液 B:草酸铵(ammonium oxalate)0.8 g;蒸馏水 80 mL。将结晶紫研细后,加入 95%酒精,使之溶解,配成溶液 A。将草酸铵溶于蒸馏水,配成溶液 B。溶液 A 和溶液 B 混合即成。

3.路哥尔(Lugol)氏碘液

碘 1 g;碘化钾 2 g;蒸馏水 300 mL。先将碘化钾溶于 5 mL 左右的蒸馏水,再将碘溶于碘化钾溶液中,溶时可稍加热,待碘片完全溶解后,再加水补足至 300 mL。

4.番红复染液(0.5%)

番红(safranine)2.5 g;95%乙醇 100 mL。取 20 mL 番红乙醇溶液与 80 mL 蒸馏水混匀即成番红复染液。

5.孔雀绿染色液

孔雀绿(malachite green)5.0 g;蒸馏水 100 mL。先将孔雀绿研细,加入少许 95%酒精溶解,再加入蒸馏水。静止半小时过滤待用。

6.1%结晶紫水溶液

结晶紫 1 g;蒸馏水 100 mL。

7.20％硫酸铜水溶液

硫酸铜 20 g；蒸馏水 100 mL。

8.鞭毛染色液：费氏及康氏(Fisher 和 Cohn)

原液Ⅰ：丹宁酸(即鞣酸)3.6 g；三氯化铁 0.75 g；蒸馏水 50 mL。

原液Ⅱ：95％乙醇 10 mL；碱性复红 0.05 g。

应用液：

　　A 液：原液Ⅰ。

　　B 液：原液Ⅰ27 mL；原液Ⅱ4 mL；浓盐酸 4 mL；37％甲醛 15 mL。

染色前用滤纸过滤后,取清液备用。

9.吕氏(Loeffler)美蓝染色液

　　溶液 A：美蓝(methylene blue)0.3 g；95％乙醇饱和液(约 2％)30 mL。

　　溶液 B：氢氧化钾(KOH)0.01 g；蒸馏水 100 mL。

分别配制溶液 A 和 B,配好后混合即可。

10.乳酚油的制备

石炭酸 200 g；乳酸(比重 1.21)200 mL；甘油 400 mL；蒸馏水 200 mL。

配制时,先将石炭酸放入水中加热溶解,然后慢慢加入乳酸及甘油。

11.乳酸石炭酸美蓝染色液

石炭酸 10.0 g；乳酸(比重 1.21)10.0 mL；甘油 20.0 mL；蒸馏水 10.0 mL；美蓝 0.02 g。

将石炭酸放在蒸馏水中加热溶化,加入乳酸和甘油,最后加入美蓝即可。

第三部分 微生物大小和数量测定

微生物细胞的大小是微生物的基本形态特征,是微生物分类鉴定的重要依据之一。微生物的数量则是微生物发挥各种功能的基础,也是人类利用微生物进行各种生产活动的重要条件。微生物细胞大小和数量的测定在微生物学工作中具有非常重要的作用。

实验 7　微生物细胞大小的测定

一、目的要求

1.学习使用目镜测微尺和镜台测微尺在显微镜下测定微生物大小的方法。
2.增强对微生物细胞大小的感性认识。

二、基本原理

在显微镜下,微生物的大小可使用显微镜测微尺进行测定。显微镜测微尺包括目镜测微尺和镜台测微尺两部分。目镜测微尺是一块可以放入目镜内的特制圆玻片,玻片中央是一条标尺,把 5 mm 长度刻成 50 小格(图 7-1A)或把 10 mm 长度刻成 100 小格。镜台测微尺为一块中央带有刻度的载玻片,上面镶有一块圆形盖片,刻度把 1 mm 等分为 100 小格(图 7-1B),每小格长度为 10 μm。由于目镜测微尺上每小格的大小随显微镜放大倍

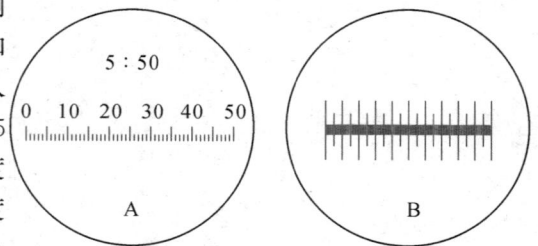

图 7-1　目镜测微尺(A)和镜台测微尺(B)

数而改变,因此它所代表的长度是相对的,只有在测量前用镜台测微尺进行校正,才能确定某一放大倍数时目镜测微尺每小格代表的实际长度。经过校正后,方可使用目镜测微尺度量微生物细胞的大小。

三、实验器材

1. 菌种：啤酒酵母(*Saccharomyces cerevisiae*)液体培养物。
2. 仪器及相关用品：显微镜，香柏油，二甲苯(或 1∶1 的乙醚酒精溶液)，擦镜纸，目镜测微尺，镜台测微尺。
3. 其他用品：载玻片，盖玻片，吸水纸，酒精灯，火柴，接种环，镊子，无菌滴管。

四、实验程序

(一)目镜测微尺的校正

1. 安装目镜测微尺：把目镜上的接目透镜旋下，将目镜测微尺的刻度朝下轻轻地装入目镜的视野光阑上(图 7-2)。

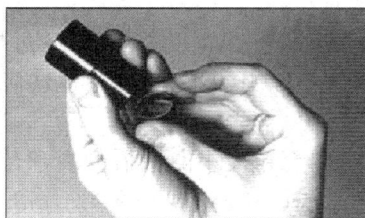

图 7-2 将目镜测微尺装入目镜

图 7-3 镜台测微尺置于载物台上

2. 安装镜台测微尺：把镜台测微尺置于载物台上，刻度朝上(图 7-3)。

3. 镜检：先用低倍镜观察，对准焦距，在视野中看清镜台测微尺上的刻度后，转动目镜，使目镜测微尺与镜台测微尺的刻度平行，移动推动器使两尺"0"刻度完全重合，再向下寻找第二个完全相重合的刻度(图 7-4)。记录两重叠刻度之间目镜测微尺的格数和镜台测微尺的格数。

4. 校正：根据两个重叠刻度之间目镜测微尺与镜台测微尺的格数，计算低倍镜下目镜测微尺每小格所代表的实际长度

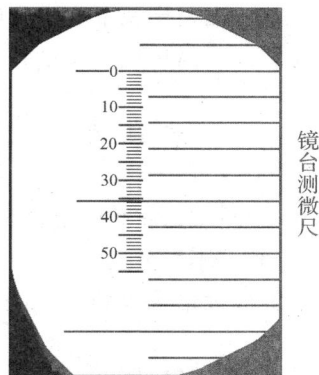

图 7-4 镜台测微尺与目镜测微尺的重叠情况

$$目镜测微尺每格长度(\mu m)=\frac{镜台测微尺格数\times10}{目镜测微尺格数}$$

例如，图 7-4 中目镜测微尺 36 小格对准镜台测微尺 5 小格，已知镜台测微尺每小格为 10 μm，5 小格的长度为 $5\times10=50\ \mu m$，相应的目镜测微尺上每小格的长度为：

$$\frac{5\times10}{36}=1.4\ \mu m$$

以同样的方法校正不同放大倍数下目镜测微尺每小格所代表的实际长度。

(二)菌体大小的测定

1.制作水浸片:用接种环取啤酒酵母液体培养物制成水浸片(图1-16)。

2.换样片:从载物台上取下镜台测微尺,换上啤酒酵母水浸片。

3.镜检:先在低倍镜下找到目的物,然后在高倍镜下用目镜测微尺测定每个菌体长度和宽度(如图7-5)。

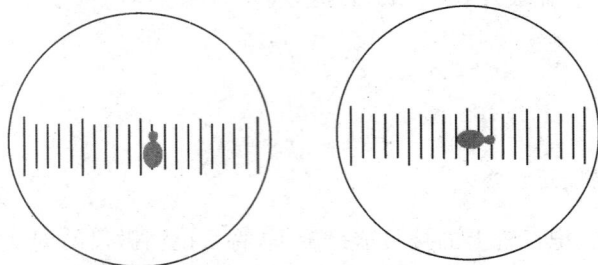

图7-5 酵母菌的长度和宽度

4.计算:根据目镜测微尺测得的小格数,计算菌体的实际长度和宽度。例如,经过校正,在油镜下目镜测微尺每小格相当于1.4 μm,如果测得的菌体长度为2小格,则菌体实际长度为1.4×2=2.8(μm)。

测量微生物细胞大小时,通常测量10个菌体左右,用最大和最小的数值来表示菌体的大小范围。例如,长为3~5 μm,宽为1~2 μm,则其大小表示为(1~2)μm×(3~5) μm。

(三)实验报告

1.绘出显微镜下观察到的酵母菌细胞的个体形态。

2.记下高倍镜下观察到的酵母菌大小,用长×宽表示。

五、注意事项

1.校正时,将目镜测微尺装在目镜的隔野光阑上,刻度朝下;将镜台测微尺置于载物台上,刻度朝上,不能放反。

2.放大倍数改变时,目镜测微尺需用镜台测微尺重新校正。

六、问题与思考

当显微镜放大倍数改变时,目镜测微尺的相对长度是否发生变化? 为什么?

实验 8　微生物细胞的显微直接计数

一、目的要求

1. 了解血球计数板的构造和使用方法。
2. 掌握使用血球计数板进行微生物计数的方法。

二、基本原理

显微镜直接计数法是将少量待测样品的悬浮液置于一种特制的具有确定面积和容积的载玻片(计数板)上,于显微镜下直接计数的一种简便、快速、直观的方法。在微生物实验室中,一般采用细菌计数板进行细菌计数,采用血球计数板进行酵母菌或霉菌孢子的计数。两种计数板的原理和部件相同,只是细菌计数板较薄,可使用油镜观察,而血球计数板较厚,不能使用油镜观察。

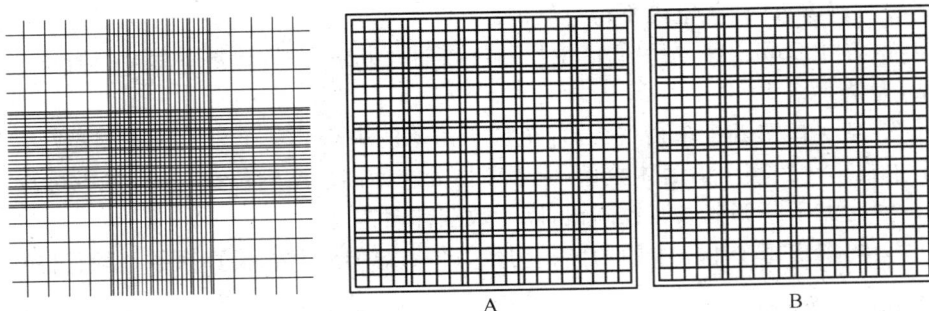

图 8-1　血球计数板的构造

血球计数板是一块特制的厚型载玻片(图 8-1)。载玻片上有四条槽构成三个平台,中间的平台较宽,中央有一短横槽将其分成两半,每个半边各有一个方格网。每个方格网共分九大格,其中间的一大格称为计数室,计数室的刻度有两种:一种计数室分 25 个中格,每个中格再分成 16 个小格(图 8-2A);另一种计数室分 16 个中格,每个中格再分成 25 个小格(图 8-2B)。两种构造的共同特点是,计数区都由 400 个小格组成。

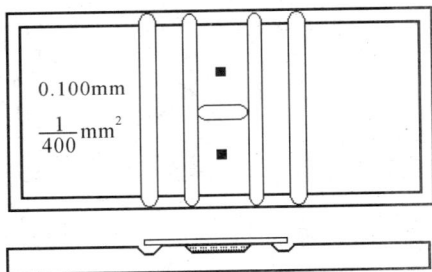

图 8-2　血球计数板的计数区
左:网格情况;中(A):25 中格×16 小格;右(B):16 中格×25 小格

计数区边长 1 mm,面积 1 mm²,每个小格的面积 1/400 mm²。盖上盖玻片后,计数室的高度 0.1 mm,计数室体积 0.1 mm³,每个小格的体积 1/4000 mm³。使用血球计数板计数时,先要测定每个小格中的微生物数量,再换算成每毫升菌液(或每克样品)中的微生物数量。

显微镜直接计数法测得的菌体数量是菌体总数,它不能区分活菌体和死菌体。

三、实验器材

1.菌种:啤酒酵母(*Saccharomyces cerevisiae*)液体培养物。

2.仪器及相关用品:显微镜,香柏油,二甲苯(或 1:1 的乙醚酒精溶液),擦镜纸,血球计数板。

3.其他用品:盖玻片,吸水纸,酒精灯,火柴,接种环,镊子,无菌滴管,无菌移液管,试管,无菌水。

四、实验程序

1.样品稀释:视待测菌悬液浓度,加无菌水稀释至适当浓度(图 8-3),以每小格的菌数能被计数(每小格 4~5 个菌体)为度。

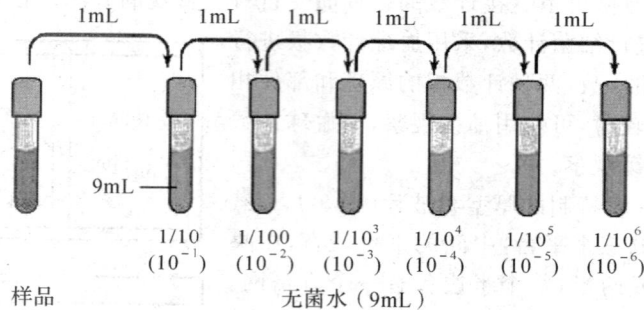

图 8-3 加无菌水稀释样品

2.安放血球计数板:取一块清洁的血球计数板,置于显微镜载物台上,在计数室上面加上一块盖玻片。

3.加菌液:取适当稀释度的菌液,摇匀,用滴管吸取菌液,在盖玻片边缘滴一小滴(不宜过多),让菌液自行渗入,计数室内不得有气泡。

4.镜检:静止 5 min 后,先用低倍镜找到计数的大方格,并将计数室移至视野中央。再换高倍镜观察,看清小格。

5.计数:随机挑选五个中格(挑选四个位于角落的中格和一个中央的中格;或者沿对角线挑选五个中格),计数其中的菌体数量。由于菌体处在不同的空间位置,只有在不同的焦距下才能看到,观察时需不断调节微调控制钮,以计数全部菌体。

6.计算:先求出每个中格中的菌体平均数,再乘以中格个数、换算系数和稀释倍数。

$$酵母菌细胞数/mL = \frac{X_1 + X_2 + X_3 + X_4 + X_5}{5} \times 25 (或 16) \times 10 \times 1000 \times 稀释倍数$$

7.实验报告:记录计数结果并计算每毫升菌液中的酵母菌细胞数。

五、注意事项

1.加酵母菌液时,添加量不宜太多,不能产生气泡。

2.酵母菌无色透明,计数时宜调暗光线。

3.为了避免重复计数或遗漏计数,遇到压在方格线上的菌体,一般将压在底线和右侧线上的菌体计入本格内;遇到有芽体的酵母时,如果芽体和母体同等大小,按两个酵母菌体计数。

4.血球计数板使用后,用水冲洗干净,切勿用硬物洗刷或抹擦,以免损坏网格刻度。

六、问题与思考

1.根据你的实验体会,说说用血球计数板进行微生物计数时,哪些步骤易造成误差?如何避免?

2.在滴加菌液时,为什么要先置盖玻片,然后滴加菌液?能否先加菌液再置盖玻片?

实验 9　微生物细胞的稀释平板计数

一、目的要求

学习稀释平板菌落计数的基本原理和方法。

二、基本原理

平板菌落计数法是实验室最常用的活菌计数法。在高度稀释条件下,待测样品中的微生物被分散成单个细胞,经过适当培养,每个细胞可以在固体培养基上形成单个菌落。根据平板上长出的菌落来测定样品中的微生物数量的方法称为平板菌落计数法。计数前,需要对样品进行系列稀释,使其中的微生物分散成单个细胞,否则一个菌落就不只代表一个细胞。计数时,需要取适当稀释度的菌液接种于固体平板培养基上,否则会因菌落太多而无法准确计数。一般以直径 9cm 平板上出现 30~300 个菌落为宜。采用本法测得的菌数是培养基上生长出来的菌落数量,故被称为活菌计数法。

三、实验器材

1.待测样品:新鲜活性污泥液。

2.培养基:牛肉膏蛋白胨琼脂培养基。

3.仪器:恒温培养箱,电炉,恒温水浴锅。

4.其他用品:45 mL 无菌水(装在三角瓶中,并带有玻璃珠 10 粒),9 mL 无菌水(装在试管中),无菌培养皿,无菌移液管,无菌三角玻璃棒,酒精灯,火柴,记号笔。

四、实验程序

（一）制作平板培养基

将融化的培养基冷却至 $55\sim60\,℃$，右手持盛培养基的三角瓶于火焰旁，用左手将瓶塞轻轻地拔出，瓶口保持对着火焰；然后左手拿培养皿并将皿盖在火焰旁打开一条缝（图 9-1），倒入大约 15mL 培养基，盖好皿盖，轻轻摇动培养皿，使培养基均匀分布在培养皿底部，在桌面上冷凝成平板，备用。

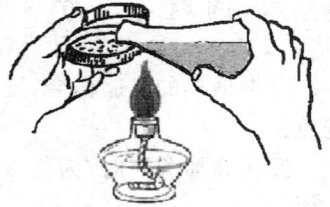

图 9-1 倒平板

（二）制备污泥稀释液

用无菌移液管吸取 5 mL 新鲜污泥液，放入盛有 45 mL 无菌水并带有玻璃珠的三角瓶中，用手或在摇床上振荡 $10\sim20$ min，使污泥与水充分混匀并将细胞分散，即成 10^{-1} 稀释液。用 1 mL 无菌移液管吸取 1 mL 菌悬液，加至盛 9 mL 无菌水的试管中，混合均匀即成 10^{-2} 稀释液，以此类推，可制成 10^{-3}、10^{-4}、10^{-5}、10^{-6} 等不同稀释度的菌悬液（如图 9-2）。

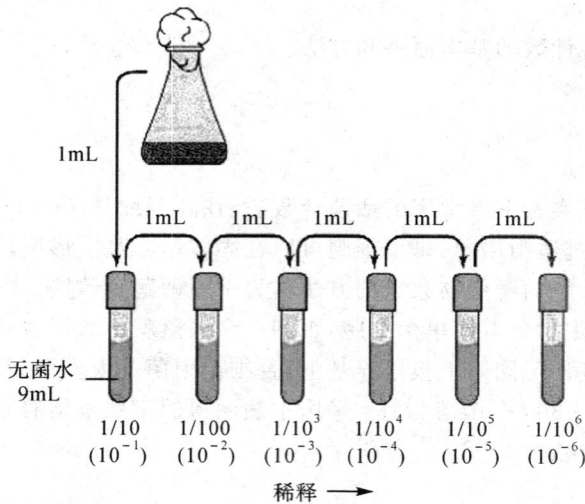

图 9-2 污泥稀释液的制备

（三）涂布培养

稀释平板计数的操作过程如图 9-3 所示。

1. 取样接种：用记号笔在平板上做好标记，分别用无菌移液管吸取 0.1 mL 10^{-4}、10^{-5}、10^{-6}污泥稀释液，加至对应的平板培养基中央，每个稀释度设三个重复（图 9-4）。

2. 涂布平板：右手拿无菌三角玻棒，左手拿加好稀释液的平板，将皿盖在火焰旁打开一条缝进行涂布。涂布时，使无菌三角玻棒沿同心圆方向轻轻地向外扩展，让稀释液均匀分布至整个平板表面。

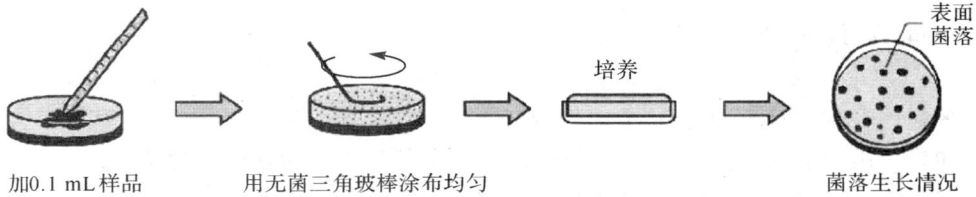

图 9-3　稀释平板计数的操作过程

加0.1 mL样品　　用无菌三角玻棒涂布均匀　　培养　　菌落生长情况　表面菌落

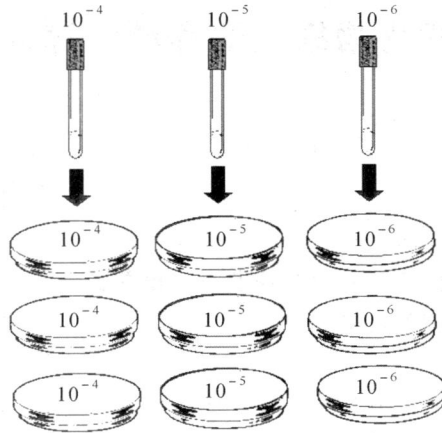

图 9-4　设置重复

3. 倒置培养:在室温静止 5～10 min,使菌液渗入培养基。然后,将平板培养基倒置于恒温培养箱中培养 48 h,平板表面长出菌落。

(四)计数

从 3 个稀释度中选择一个合适的稀释度,求出被测样品中的含菌数。筛选适宜稀释度(即计算稀释度)的标准是:

1. 在每个平皿中,细菌、放线菌、酵母菌的菌落数为 30～300 个,霉菌的菌落数为 10～100 个。
2. 同一稀释度的各个重复之间,菌落数不能相差太大。
3. 从低稀释度到高稀释度,以菌落数递减 10 倍为基础,各稀释度间的递减误差越小越好。
4. 菌悬液的含菌数可按下面公式进行计算:

新鲜污泥液含菌量(个/mL)=平均菌落数×稀释倍数

五、注意事项

1. 预先制好平板,并将其放入 30 ℃恒温培养箱,去除平板上的存留水或皿盖上的冷凝水。否则,平板上的冷凝水会影响检测结果。

2. 当平板上出现大片菌苔时,应弃除该皿的菌落数。

六、问题与思考

1.平板培养时,为什么要把培养皿倒置?
2.如果只用一支无菌移液管进行接种,应从哪个稀释度开始取样?为什么?
3.倒平板后,为什么要去除平板上的存留水或皿盖上的冷凝水?

实验 10 微生物细胞的稀释培养计数(MPN)

一、目的要求

学习微生物细胞液体稀释培养计数的基本原理和方法。

二、基本原理

液体稀释培养计数法又称为最大可能数(most probable number)法,简称 MPN 法。它将待测样品作系列稀释,一直到少量稀释液(如 1 mL)接种到新鲜培养基中极少出现或不出现细菌生长,再以出现生长的最低稀释度与没有出现生长的最高稀释度(即临界级数),根据"或然率"理论计算单位体积样品中近似菌数。

具体做法是,将待测样品作 10 倍系列稀释,直至形成适宜的稀释度(最低稀释度的各管全部长菌,而最高稀释度的各管全不长菌)。取后面 5 个稀释度的稀释液接种至装有已经灭菌的选择性液体培养基,每支试管接种 1mL,摇匀,每个稀释度的接种管数越多,则最后估算的误差越小,但工作量和耗材量随之增大。一般每个稀释度的重复接种管数多为 3 管,接种后在适温下培养 2~15 d,检查结果,确定数量指标。不管重复管数多少,数量指标总是取三位数字,确定原则为:取最高稀释度中重复试管全部长菌的管数,作为数量指标的第一个数字;再取后面两个稀释度中长菌的管数,作为余下的两个数字。

如果重复接种管数为 3 管,各稀释度的长菌情况如下:

稀释度	10^{-1}	10^{-2}	10^{-3}	10^{-4}	10^{-5}
长菌管数	3^+	3^+	2^+	1^+	0
数量指标	3	3	2	1	0

在这个例子中,3 个重复管数全部长菌的稀释度有 10^{-1} 和 10^{-2},两者中 10^{-2} 的稀释度较高,以该稀释度中的长菌管数作为数量指标的第一位数字,即"3";后续的二个稀释度的长菌管数分别为 2 和 1,因此第二和第三位数分别为"2"和"1";得到的数量指标为"321"。

如果重复接种管数为 3 管,各稀释度的长菌情况如下:

稀释度	10^{-3}	10^{-4}	10^{-5}	10^{-6}	10^{-7}	10^{-8}
长菌管数	3^+	3^+	2^+	1^+	1^+	0
数量指标	3	3	2	1	1	0

依据上面数量指标的确定原则,第一个数字应取 10^{-4} 稀释度的 3 管,随后两个数字应取 10^{-5} 稀释度的 2 管和 10^{-6} 稀释度的 1 管。值得注意的是,10^{-7} 稀释度也有 1 管长菌,需要把这一管加在第三个数字上(即 $1+1=2$),所以数量指标是"322"而不是"321"。

如果重复接种管数为 3 管,各稀释度的长菌情况如下:

稀释度	10^{-3}	10^{-4}	10^{-5}	10^{-6}	10^{-7}
长菌管数	0	1^+	0	0	0
数量指标	0	1	0	0	0

此时所取的数量指标应使长菌的稀释度位于中间,即数量指标为"010"。

确定数量指标后,可以从最大可能数表中查得最大可能细菌数,再乘以数量指标第一位数的稀释倍数,即为原菌液中的含菌数。在上述三例中,数量指标依次为"321","322"和"010",在最大可能数表中所对应的近似值分别为 15 个/mL,20 个/mL 和 0.3 个/mL,由于第一个数字所取的稀释度分别为 10^{-2},10^{-4} 和 10^{-3},因此待测样品中最大可能菌数分别为 1500 个/mL,200000 个/mL 和 300 个/mL。

倘若所做的重复管数为 4 或 5,则以所确定的数量指标,采用相应的最大可能数表(4 管或 5 管)查其稀释液所含的近似菌数,再乘以稀释倍数,计算待测样品中所含的最大可能菌数。

三、实验器材

1. 待测样品:新鲜河流底泥。
2. 培养基:氨化培养基(分装于无菌试管中,每管 9 mL)。
3. 其他用品:装有 45 mL 无菌水的三角瓶(内有 10 颗小玻璃珠),装有 9 mL 无菌水的试管,无菌移液管,白色陶瓷比色板,无菌滴管,奈氏试剂。

四、实验程序

1. 制备稀释液

取 5 g 河流底泥,加入盛有 45 mL 无菌水的三角瓶中,再按图 9-2 所示的 10 倍稀释法稀释成 $10^{-2} \sim 10^{-7}$ 的悬浮液。

2. 接种培养

吸取各个稀释度的悬浮液 1 mL,接种于 9 mL 培养基试管中,每个稀释度重复接种 3 管,并吸取无菌水 1 mL,接种于 9 mL 培养基试管中,重复 3 管做空白对照(图 10-1)。

接种后,试管在 28 ℃恒温培养 7~15 d,观察培养液是否变成浑浊,并用奈氏试剂检查培养液是否存在氨氮(图 10-2)。取一滴培养液于陶瓷比色板的凹穴内,加一滴奈氏试剂,若变成棕褐色,说明存在氨氮(即存在氨化细菌),判为阳性反应(记"＋"号);若没有颜色变化,说明不存在氨氮(即不存在氨化细菌),判为阴性反应(记"－"号)。记录各稀释度中长菌的管数。

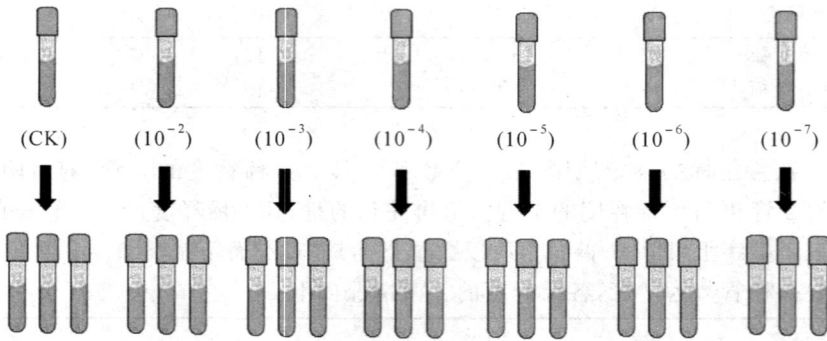

图 10-1　用每种稀释液接种 3 管培养基

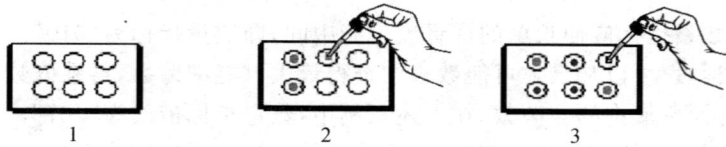

图 10-2　检测培养液中的氨氮
1.清洁的白色比色板；2.向凹穴内滴加培养液；3.向凹穴内滴加奈氏试剂

3.细菌计数

根据阳性反应的管数确定数量指标,然后从最大可能数表中查得最大可能细菌数,再乘以数量指标第一位数的稀释倍数,即为原菌液中的含菌数。

五、注意事项

稀释要均匀,并注意无菌操作。

六、问题与思考

液体稀释法是一种利用统计数学方法来计算待测样品中含菌量的计数法,根据你的实验结果,谈谈怎样减少实验结果的误差?

附　录

(一)氨化培养基的配制

1.氨化培养基的配方

蛋白胨 10 g,K_2HPO_4 1 g,$FeSO_4$ 0.001 g,$MgSO_4$ 0.5 g,NaCl 0.5 g,微量元素 1 mL,蒸馏水 1000 mL。用 10% 碳酸钠将 pH 调至 7.2~7.4。

2.微量元素溶液的配方

硼酸 0.5 g,钼酸钠 0.5 g,蒸馏水 100 mL。

（二）奈氏试剂的配制

甲液:碘化钾 10 g,碘化汞 20 g,蒸馏水 100 mL。

乙液:氢氧化钾 20 g,蒸馏水 100 mL。

分别按上列配方制备甲液和乙液。将两液混合后保存于暗色瓶中,备用。配制中,为了加速溶解,可先把碘化汞放在研钵内,加几滴碘化钾一起研碎。

（三）MPN 表

1. 三管最大或然表

数量指标	细菌近似值	数量指标	细菌近似值	数量指标	细菌近似值
000	0.0	210	1.4	302	6.5
001	0.3	202	2.0	310	4.5
010	0.3	210	1.5	311	7.5
011	0.6	211	2.0	312	11.5
020	0.6	212	3.0	313	16.0
100	0.4	220	2.0	320	9.5
101	0.7	221	3.0	321	15.0
102	1.1	222	3.5	322	20.0
110	0.7	223	4.0	323	30.0
111	1.1	230	3.0	330	25.0
120	1.1	231	3.5	331	45.0
121	1.5	232	4.0	332	110.0
130	1.6	300	2.5	333	140.0
200	1.9	301	4.0		

2. 四管最大或然表

数量指标	细菌近似值	数量指标	细菌近似值	数量指标	细菌近似值	数量指标	细菌近似值	数量指标	细菌近似值	数量指标	细菌近似值
000	0.0	100	0.3	140	1.4	240	2.0	332	4.0	422	13.0
001	0.2	101	0.5	141	1.7	241	3.0	333	5.0	423	17.0
002	0.5	102	0.8	200	0.6	300	1.0	340	3.5	424	20.0
003	0.7	103	1.0	201	0.9	301	1.6	341	4.5	430	11.5
010	0.2	110	0.5	202	1.2	302	2.0	400	2.5	431	16.5
011	0.5	111	0.8	203	1.6	303	2.5	401	3.5	432	20.0
012	0.7	112	1.0	210	0.9	310	1.6	402	5.0	433	30.0
013	0.9	113	1.3	211	1.3	311	2.0	403	7.0	434	35.0
020	0.5	120	0.8	212	1.6	312	3.0	401	3.5	440	25.0
021	0.7	121	1.1	213	2.0	313	3.5	411	5.5	441	40.0
022	0.9	122	1.3	220	1.3	320	2.0	412	8.0	442	70.0
030	0.7	123	1.6	221	1.6	321	3.0	413	11.0	443	140.0
031	0.9	130	1.1	222	2.0	322	3.5	414	14.0	444	160.0
040	0.9	131	1.4	230	1.7	330	3.0	420	6.0		
041	1.2	132	1.6	231	2.0	331	3.5	421	9.5		

3. 五管最大或然表

数量指标	细菌近似值	数量指标	细菌近似值	数量指标	细菌近似值	数量指标	细菌近似值	数量指标	细菌近似值	数量指标	细菌近似值
000	0.0	121	0.8	240	1.4	401	1.7	501	3.0	533	17.5
001	0.2	122	1.0	300	0.8	402	2.0	502	4.0	534	20.0
002	0.4	130	0.8	301	1.1	403	2.5	503	6.0	535	25.0
010	0.2	131	1.0	302	1.4	410	1.0	504	7.5	540	13.0
011	0.4	140	1.1	310	1.1	411	2.0	510	3.0	541	17.5
012	0.6	200	0.5	311	1.4	412	2.5	511	4.5	542	25.0
020	0.4	210	0.7	312	1.7	420	2.0	512	6.0	543	30.0
021	0.6	202	0.9	313	2.0	421	2.5	513	8.5	544	35.0
030	0.6	203	1.2	320	1.4	422	3.0	520	5.0	545	45.0
100	0.2	210	0.7	321	1.7	430	2.5	521	7.0	550	25.0
101	0.4	211	0.9	322	2.0	431	3.0	522	9.5	551	35.0
102	0.6	212	1.2	330	1.7	432	4.0	523	12.0	552	60.0
103	0.8	220	0.9	331	2.0	440	3.5	524	15.0	553	90.0
110	0.4	221	1.2	340	2.0	441	4.9	525	17.5	554	160.0
111	0.6	222	1.4	341	2.5	450	4.0	530	8.0	555	180.0
112	0.8	230	1.2	350	2.5	451	5.0	531	11.0		
120	0.6	231	1.4	400	1.3	500	2.5	532	14.0		

第四部分　培养基配制和灭菌消毒

培养基可以为微生物的正常生活提供所需的各种养料和环境条件。配制培养基是微生物实验的基本技能。灭菌消毒则是分离和保存微生物以及进行微生物生理生化实验的必要准备。

实验 11　培养基种类与配制程序

一、目的要求

1. 了解微生物培养基的种类及其配制原理。
2. 掌握微生物培养基的配制程序。

二、基本原理

培养基(culture medium)是人工配制的适合于不同微生物生长、繁殖或积累代谢产物的营养物质。对培养基的基本要求是:提供微生物正常生活所需的各种养料(如碳源、氮源、无机盐类、生长因子等)并保持养料之间的平衡;具有适宜的 pH 值;具有合适的渗透压;保持无菌状态。

(一)培养基的主要成分

水分大约占微生物细胞的 $70\%\sim90\%$,具有重要的生理功能。配制培养基可用天然水和蒸馏水。天然水含有微量杂质,可用作养料。蒸馏水不含杂质,可保证实验结果的准确性。

碳源是微生物的重要营养物质,用于合成细胞物质和提供生命活动所需的能量。配制培养基所用的碳源很多,其中最常用的碳源是葡萄糖,其他还有糖类(如蔗糖、麦芽糖、甘露醇、淀粉、纤维素)、脂肪、蛋白质、有机酸、醇类、烃类等。

氮源是组成细胞蛋白质的主要成分。除了某些固氮细菌能利用分子态氮外,其他微生物都需要化合态氮作为养料。配制培养基常用的无机氮有铵盐和硝酸盐;常用的有机氮有蛋白胨、牛肉膏(牛肉浸汁)、酵母膏、豆芽汁、氨基酸等。

许多矿物质(如磷、硫、钾、钙、镁、铁等)或是酶的成分,或是生理调节剂。配制培养基时,常用含有这些元素的盐类(如磷酸氢二钾、硫酸镁、氯化钙、硫酸亚铁、氯化铁、硫酸锰等)来提供。如果采用天然的植物性或动物性物质制备培养基,则无需添加上述无机盐或只需添加部分无机盐,因为它们本身就含有这些元素。除非有特殊的营养需要,一般培养基不外加微量元素,天然水中以及其他配料中所含杂质已能满足要求。

一些微生物的生长需要外加生长因子(如维生素、氨基酸、碱基等),在配备培养基的过程中,一般通过添加蛋白胨、酵母膏、牛肉膏等天然材料及其制品来满足。

(二)培养基的种类

根据不同的标准,可将培养基分为多种不同的类型。

1. 根据培养基的组成成分,培养基可分为以下几种。

天然培养基:由化学成分还不清楚或化学成分不恒定的天然有机物(如蛋白胨、牛肉膏、玉米浆、血液、马铃薯等)为主要成分配制而成的培养基。

合成培养基:由化学成分完全了解的化学物质按一定比例配制而成的培养基。例如,由无机盐和各种有机化合物(糖、氨基酸、维生素等)配制而成的培养基。

2. 根据培养基的物理状态,培养基可分为以下几种。

液体培养基:不加凝固剂,将各种培养基组分溶于水即成,培养基呈液体状态,常用于大量生产和增菌培养,如肉汤培养基。

固体培养基:加入 2% 左右的凝固剂,培养基呈固体状态;或直接将马铃薯块、胡萝卜条等固体表面用作培养基。常用于微生物的分离纯化和菌种保藏等,如牛肉膏蛋白胨琼脂培养基。

半固体培养基:加入 0.2% ~ 0.5% 凝固剂,培养基呈半固体状态,常用于细菌运动能力的观察,如双糖铁培养基的高层部分。

3. 根据实验目的和用途,培养基可分为以下几种。

基础培养基:可以无选择地满足一般微生物生长需要的培养基。

加富培养基:在基础培养基中添加一些特殊物质配成的培养基,可以满足营养要求比较苛刻的某些异养微生物的生长需要。

选择培养基:利用某一种或某一类微生物的特殊营养要求或特殊环境要求,在培养基中加入某些特殊物质配成的培养基,可以抑制非目的微生物的生长,同时促进目的微生物的生长。

鉴别培养基:利用微生物的生物化学特性,在培养基中加入某种化学试剂配成的培养基,可根据培养后发生的某些变化来区分不同类型的微生物。

(三)培养基的凝固剂

在配制固体或半固体培养基时,需要使用一定量的凝固剂。常用的凝固剂有琼脂、明胶和硅胶。

琼脂(agar)又叫洋菜,由海藻(主要是石花菜)提取制成,是一种多糖类化合物,主要成分是复杂的多糖硫酸酯钙盐。一般不能被用作营养物质,但也能被极少数细菌分解利用。琼脂是一种可逆性胶体,在实验常用的浓度下,加热到 96℃ 以上时成为溶胶,降温到 42℃ 以下时成为凝胶。

明胶(glutin)由动物胶原组织(如皮和肌腱等)经沸水溶解熬制而成,主要成分是蛋白质。由于这类蛋白质缺乏微生物所必需的氨基酸,营养价值不大。由明胶制成的培养基加热到

24℃以上融化,降温到20℃以下凝固。有些细菌能分解明胶而使其液化,可用于配制鉴别培养基。

硅胶(silica gel)是无机硅酸钠、硅酸钾和盐酸、硫酸进行中和反应而产生的胶体。由于硅胶完全由无机物组成,在分离和研究自养型微生物时,可用作培养基的凝固剂。但一旦凝固,硅胶即不再融。

(四)培养基的配制程序

由于微生物种类及代谢类型的多样性,用于培养微生物的培养基也多种多样,虽然它们的成分和配制方法相差很大,但其配制程序大致相同,例如,器皿的准备,棉塞的制作,培养基的配制与分装,培养基的灭菌,斜面与平板的制作以及培养基的无菌检查等。

三、实验器材

1. 药品和试剂:配制培养基所需的各种药品,琼脂,1 mol/L NaOH 溶液,1 mol/L HCl 溶液。
2. 仪器:天平,加热磁搅拌器,高压灭菌锅,烘箱。
3. 玻璃器皿:移液管,试管,烧杯,量筒,锥形瓶,培养皿,玻璃漏斗,玻棒等。
4. 其他物品:接种针,药匙,称量纸,pH 试纸,记号笔,棉花,纱布,线绳,试管盖,牛皮纸,报纸等。

四、实验程序

(一)玻璃器皿的洗涤

在使用前,玻璃器皿必须洗刷干净。将锥形瓶、试管、培养皿、量筒等浸入含有洗涤剂的水中,用毛刷刷洗,再用自来水和蒸馏水冲净。移液管先用含有洗涤剂的水浸泡,再用自来水和蒸馏水冲洗。洗刷干净的玻璃器皿置于烘箱中烘干后备用。

(二)棉塞的制作以及试管、锥形瓶的包扎

要培养好氧微生物,在提供优良的通气条件的同时,也要防止杂菌污染,因此必须对通入试管或锥形瓶的空气进行过滤除菌。常用的方法是在试管及锥形瓶口加上棉花塞等。

1. 试管棉塞的制作

教师示范做试管棉花塞(图 11-1),每位同学做 5 只棉花塞。棉花塞要求不紧不松,两头光滑,试管棉花塞的长度约 3 cm。塞入试管内部分约占 2/3,头部稍大约占 1/3,详见图 11-2。

2. 玻璃器皿的包装

(1)培养皿的包装 培养皿(petri dish)由皿盖和皿底组成(图 11-3)。可用报纸将几套培养皿包成一包,一般是 6 套包成一包(图 11-4),每位同学包装培养皿 6 套,灭菌后使用。

(2)锥形瓶的包装 锥形瓶的棉塞外面常常包上一层纱布(图 11-5)。在装好培养基并塞好棉塞后,一般还需包上一层牛皮纸并用线绳捆好,再灭菌备用。

(3)移液管的包装 在移液管的上端塞入一小段棉花(勿用脱脂棉),它的作用是避免外界

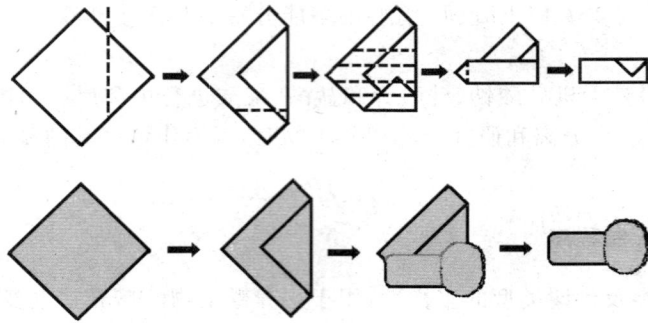

图 11-1 棉花塞的制作

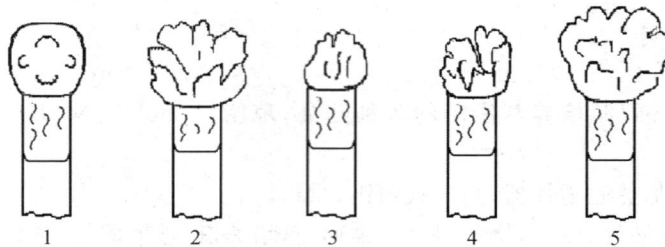

图 11-2 对棉塞的要求

1.正确的式样；2.管内部分太短,外部太松；3.外部过小；4.整个棉塞过松；5.管内部分过紧,外部太松

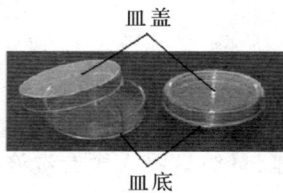

图 11-3 培养皿

图 11-4 培养皿的包装

图 11-5 锥形瓶的包装

及口中杂菌吹入管内,并防止菌液等吸入口中。塞入此小段棉花应距管口约 0.5 cm,棉花段自身长度约 1～1.5 cm(图 11-6)。塞棉花时,可用接种针,将少许棉花塞入管口内。棉花要塞得松紧适宜,以吹时能通气而又不使棉花下滑为准。

先将报纸裁成宽约 5 cm 的长纸条,再将塞好棉花的移液管尖端放在长纸条的一端,约成 45°角,折叠纸条包住尖端,用左手握住移液管身,右手将移液管压紧,在桌面上向前搓转,以螺旋式包扎起来。上端剩余纸条,折叠打结(图 11-6)。准备灭菌。

(三)培养基的配制

1.液体培养基的配制

(1)称量 一般可用 1/100 粗天平称量配制培养基所需的各种药品。先按培养基配方计算各成分的用量,然后进行准确称量(图 11-7)。

(2)溶化 将称好的药品置于一烧杯中,先加入少量水(根据需要可用自来水或蒸馏水),用加热磁搅拌器加热搅拌促进溶解(图 11-8)。

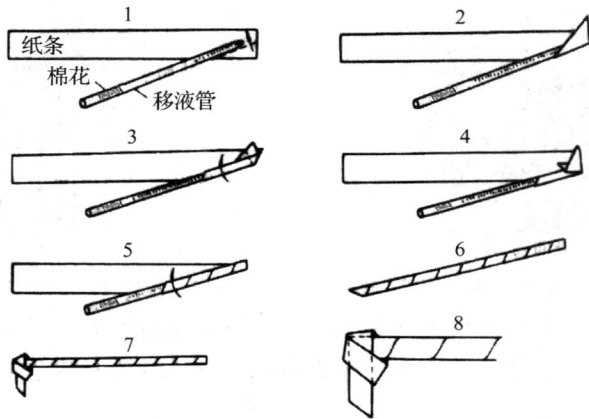

图 11-6　移液管的包装

图 11-7　按照培养基配方称量所需的原料　　　　图 11-8　加水加热溶解各种原料

（3）定容　待全部药品溶解后，倒入一量筒中，加水至所需体积。如某种药品用量太少时，可预先配成较浓溶液，然后按比例吸取一定体积溶液，加入培养基中。

（4）调 pH　一般用 pH 试纸测定培养基的 pH。用剪刀剪出一小段 pH 试纸，然后用镊子夹取 pH 试纸在培养基中蘸一下，观看 pH 范围，如果培养基偏酸或偏碱，可用 1 mol/L NaOH 溶液或 1 mol/L HCl 溶液进行调节。调节 pH 时，应逐滴加入 NaOH 或 HCl 溶液，防止局部过酸或过碱，从而破坏培养基成分。边加边搅拌，并不时用 pH 试纸测定，直至达到所需 pH。如果对培养基 pH 的精度要求较高，则可采用 pH 计测定 pH 值。

2. 固体培养基的配制

配制固体培养基时，应将已配好的液体培养基加热煮沸，再将称好的琼脂（1.5％～2％）加入，并用玻棒不断搅拌，以免糊底烧焦。继续加热至琼脂全部融化，最后补足因蒸发而失去的水分。

（四）培养基的分装

根据不同需要，可将已配好的培养基分装入试管或锥形瓶内，分装时注意不要使培养基沾污管口或瓶口，以免造成污染。

1. 试管的分装

取一个玻璃漏斗，装在铁架上，漏斗下连一根橡皮管，橡皮管下端再与另一玻璃管相接，橡皮管的中部加一弹簧夹，松开弹簧夹，使培养基直接流入试管内（图 11-9）。

装入试管培养基的量视试管大小及需要而定，若所用试管大小为 15×150 mm 时，液体培养基宜分装至高度 1/4 左右；如果分装固体或半固体培养基，在琼脂完全融化后，应趁热分装

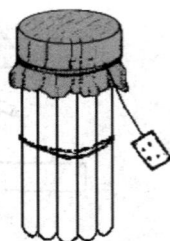

图 11-9　分装培养基　　　　　　　　　图 11-10　培养基包扎并挂标签

于试管中,用于制作斜面的固体培养基的分装量一般为管高的 1/5(约 3~4 mL);半固体培养基分装量宜为管高的 1/3 左右。培养基分装后,塞好棉塞,用防水纸包扎成捆,挂上标签(图 11-10)。

2.锥形瓶的分装

用于振荡培养微生物时,可在 250 mL 锥形瓶中加入 50 mL 液体培养基;若用于制作平板培养基时,可在 250 mL 锥形瓶中加入 150 mL 液体培养基,再加入 3 g 琼脂粉(按 2%计算),灭菌时瓶中琼脂粉被融化。

(五)培养基的灭菌

制好的培养基需要灭菌(图 11-11),以保证培养基不含杂菌。如需制成斜面,应在高压蒸汽灭菌器降压后,取出培养基摆成斜面(图 11-12)。

图 11-11　培养基灭菌　　　　　　　　　图 11-12　斜面制作

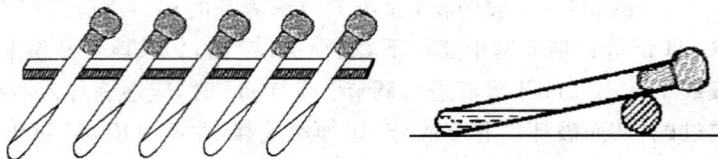

(六)杂菌检测

灭菌后,将培养基放在 30℃恒温培养箱中培养 24 h,检测杂菌污染情况,若无菌生长,说明没有杂菌污染,培养基可投入使用。

五、注意事项

1.培养基配方上标出的 pH 值是该培养基使用时的 pH 值。灭菌处理会影响培养基的最终 pH 值,应注意调整。

2.培养基配好后,应及时包扎成捆,并挂上标签,写明培养基名称、操作者和配制日期,以免搞错。

六、问题与思考

1. 配制培养基的基本要求有哪些？
2. 培养基中各成分的主要作用是什么？
3. 配制培养基的主要程序有哪些？

实验 12　细菌、放线菌和霉菌培养基的配制

一、目的要求

学习和掌握牛肉膏蛋白胨培养基、马铃薯蔗糖琼脂培养基和淀粉琼脂培养基(又称高氏一号培养基)的配制方法。

二、基本原理

牛肉膏蛋白胨培养基是一种广泛用于细菌的培养基,主要成分是牛肉膏、蛋白胨和 NaCl。它们主要提供细菌生长繁殖所需的碳源、氮源、能源、无机盐和生长因子等。

高氏一号培养基是一种用于放线菌的合成培养基,以可溶性淀粉作为碳源和能源,硝酸钾作为氮源,磷酸氢二钾、硫酸镁、硫酸亚铁作为无机盐。

马铃薯蔗糖培养基是一种广泛用于霉菌的培养基,在配制过程中,不经 pH 调节而呈自然状态。

三、实验器材

1. 药品和试剂:牛肉膏,蛋白胨,氯化钠,琼脂,马铃薯,蔗糖,可溶性淀粉,K_2HPO_4,KNO_3,$MgSO_4 \cdot 7H_2O$,$FeSO_4 \cdot 7H_2O$,1 mol/L HCl 和 1 mol/L NaOH 等。

2. 仪器:天平,电炉,pH 计。

3. 玻璃器皿:移液管,烧杯,量筒,锥形瓶,培养皿,玻璃漏斗,玻棒,带有棉塞的无菌试管,带铝盖的试管等。

4. 其他物品:刻度搪瓷杯,药匙,称量纸,pH 精密试纸,记号笔,纱布,线绳,牛皮纸,报纸,标签等。

四、实验程序

(一)牛肉膏蛋白胨培养基的配制

牛肉膏蛋白胨琼脂培养基的配方见表12-1,配制步骤如下。

1. 材料用量的计算　根据配方以及所需配制培养基的数量,称取或量取所需的材料。在本实验中,先将配方中的各种材料配成浓缩液:10%牛肉膏、10%蛋白胨、10%氯化钠。如果需要配制300 mL培养基,则吸取10%牛肉膏15 mL,10%蛋白胨30 mL,10%氯化钠15 mL,称取琼脂6 g。

表12-1　牛肉膏蛋白胨琼脂培养基成分

组　分	含量(每1000mL 培养基)	灭菌条件
牛肉浸膏	5 g	
蛋白胨	10 g	
氯化钠	5 g	1.05 kg/cm^2
琼脂	20 g	20 min
自来水	1000 mL	
pH	7.2~7.4	

2. 配制　将吸取的材料加入有刻度的搪瓷烧杯,用自来水补足到300 mL,并记下刻度。在电炉上加热溶解,并用玻棒搅匀。

3. 调节pH　按照要求,将pH调节至7.4。从电炉上取下搪瓷杯,用玻棒蘸取少量培养液至pH试纸上,与比色卡对照得出pH值。根据偏差大小,分别滴入浓度1 mol/L HCl或NaOH溶液进行调节,并不断用pH试纸检测pH值,直至达到预期的pH值。

4. 加入琼脂　在液体培养基中加入称好的琼脂6g,加热至沸腾,期间不断用玻棒搅拌,以防糊底,直至琼脂完全熔化。最后补足蒸发损失的水分。

5. 分装培养基　培养基的分装应当趁热在漏斗架上完成。在带有棉塞的无菌试管中,每支分装5mL,共10支,用于制作斜面。带有铝盖的试管各装10 mL,共20支,用于制作平板。

6. 包扎成捆　以10支为一捆,用防水纸包扎成捆,挂上标签,灭菌备用。

(二)马铃薯蔗糖琼脂培养基的配制

马铃薯蔗糖琼脂培养基的配方见表12-2,如需配制300mL培养基,操作步骤如下。

表12-2　马铃薯蔗糖琼脂培养基成分

组　分	含量(每1000mL)	灭菌条件
去皮马铃薯(或鲜豆芽)	200 g	
蔗糖(或葡萄糖)	20 g	
自来水	1000 mL	1.05 kg/cm^2
琼脂	20 g	20 min
pH	自然	

1.马铃薯预处理　取去皮马铃薯 60 g,切成小块,放入搪瓷杯中,加水 300 mL,置电炉上加热,煮沸 10 min,用四层纱布过滤至刻度搪瓷杯中,滤液加水补足至 300 mL。

2.熔琼脂和其他成分　加入蔗糖 6 g,琼脂 6 g,在电炉上加热熔化,并用玻棒从底部不断进行搅拌,直至所有组分完全溶解。

3.分装试管　按照配制细菌培养基的方法进行分装,棉塞试管分装 10 支,每支分装 5 mL,铝盖试管分装 20 支,每支分装 10 mL。

后续步骤同细菌培养基的配制。

(三)淀粉琼脂培养基的配制

淀粉琼脂培养基(高氏一号培养基)的配方见表 12-3,如需配制 300 mL 培养基,操作步骤如下。

表 12-3　淀粉琼脂培养基配方

组　分	含量(每1000mL 培养基)	灭菌条件
可溶性淀粉	20.0 g	
KNO_3	1.0 g	
K_2HPO_4	0.5 g	
$MgSO_4 \cdot 7H_2O$	0.5 g	
NaCl	0.5 g	$1.05 \ kg/cm^2$
$FeSO_4 \cdot 7H_2O$	0.01 g	20 min
琼脂	20 g	
自来水	1000 mL	
pH	7.2~7.4	

1.计算称量　吸取 1% KNO_3 30 mL;1% K_2HPO_4 15 mL;1% $MgSO_4 \cdot 7H_2O$ 15 mL;1% NaCl 15 mL;1% $FeSO_4 \cdot 7H_2O$ 0.3 mL 于搪瓷杯中,加水补足至 300 mL,置电炉上加热。

2.淀粉预处理　用另一只搪瓷杯称取可溶性淀粉 6 g,从 300 mL 水中取出少量加入淀粉中,用玻棒调成糊状,待前一只搪瓷杯内的培养液沸腾后,将淀粉糊洗入培养液中,搅匀。

3.调节 pH　从电炉上取下搪瓷杯,按照配制细菌培养基的方法,用 NaOH 或 HCl 将 pH 调节至 7.4。

4.加入琼脂　加入琼脂 6 g,在加热的同时,不断用玻棒搅拌,要求将底部的淀粉糊搅起来,以防糊底。加热至琼脂完全熔化。

5.分装培养基　趁热分装培养基,取 10 支无菌棉塞试管,各分装 5 mL,另取 20 支铝盖无菌试管,各分装 10 mL。

后续步骤同细菌培养基的配制。

五、注意事项

1.由于配制培养基所需的材料较多,称取材料后,最好根据配方核对一遍,以免搞错。

2.在配制培养基的过程中,各材料按照配方所列次序添加。所用容器的大小应为培养基配制量的两倍,以便操作。

3.熔化琼脂时,要控制火力,并不断搅拌,以免琼脂烧焦和外溢。

4.用于分装培养基的容器应当洁净并经灭菌。分装培养基的动作要快,以防培养基凝固。如果分装量难以控制,可用装好等体积自来水的同规格试管作为参照。切勿让培养基沾污试管口,以免招致杂菌污染。

六、问题与思考

1.在培养基中添加琼脂的作用是什么?
2.配制固体培养基加入琼脂后加热熔化要注意哪些问题?

实验 13 培养基及器皿的消毒和灭菌

在分离和培养微生物之前,需要对所用的培养基及器皿进行消毒和灭菌。

一、目的要求

了解几种灭菌方法,掌握干热灭菌法和加压蒸汽灭菌法的原理及其操作方法。

二、基本原理

灭菌(sterilization)是指杀死或除去特定环境中的所有微生物(包括芽孢和孢子)的过程。对于不同物品或不同成分和性质的培养基,应当采用不同的灭菌方法。

消毒(disinfection)是指杀死或除去特定环境中可能引起感染或产生其他不良影响的微生物的过程。消毒的效果取决于细菌的种类和数量,以及消毒方法和消毒剂杀菌能力等。

灭菌和消毒的方法可以分为四大类:加热灭菌(包括直接灼烧灭菌、干热灭菌,加压蒸汽灭菌、间歇灭菌和煮沸消毒);过滤除菌;射线灭菌和消毒;化学药剂灭菌和消毒。

(一)干热灭菌法

干热灭菌(即热空气灭菌法)是利用电热烘箱作为干热灭菌器(图 13-1)的灭菌方法。在干热灭菌中,温度升至 160~170 C,维持 1.5~2 h,利用高温空气使微生物细胞内的蛋白质凝固变性,从而达到灭菌目的。玻璃器皿、金属用具等耐高温的物品都可用此法灭菌。

图 13-1 干热灭菌器

(二)加压蒸汽灭菌法

加压蒸汽灭菌法是利用高压灭菌器,使水的沸点随压力加大而升高(表 13-1),以高温蒸汽来杀灭微生物的灭菌方法。湿热灭菌常用的设备有手提式压力蒸汽灭菌器(图 13-2)和卧式压力蒸汽灭菌器(图 13-3)。

加压蒸汽灭菌是一种可以信赖的灭菌方法,它能杀死一切微生物。其杀菌原理是:①变性

图 13-2　手提式压力蒸汽灭菌器　　　　图 13-3　卧式压力蒸汽灭菌器

作用。受高温和高压的影响,蛋白质和酶发生不可逆的变性而致死微生物。②凝固作用。蛋白质的凝固温度与含水量有关,水分越多,凝固温度越低(表 13-2)。对少水分或无水分的物品,需要提高温度才能使其凝固。③穿透作用。湿热穿透能力强(表 13-3),在水蒸气与被灭菌的物品相接触后,可放出大量汽化潜热,迅速提高被灭菌物品的温度,从而提高灭菌效率。在同一温度下,湿热的杀菌效率一般高于干热。

表 13-1　加压蒸汽灭菌器中压力与蒸汽温度之间的关系

压力表所示压力		全部水蒸气(无空气)	50%空气	全部空气
磅/英寸²	kg/cm²			
5	0.35	108 C	94 C	72 C
10	0.7	115 C	105 C	90 C
15	1.05	121 C	112 C	100 C
20	1.41	126 C	118 C	109 C

表 13-2　菌体蛋白质的凝固温度与其含水量的关系

蛋白质含水量(%)	凝固温度(C)
50	56
25	74～80
18	80～90
6	145
0	160～170

表 13-3　湿热与干热的穿透力及其灭菌效果比较

温度(C)	时间(h)	透过布层的温度(C)			灭菌效果
		20 层	40 层	100 层	
干热(130～140)	4	86	72	70.5	不完全
湿热(105.3)	3	101	101	101	完全

(三)间歇灭菌法

间歇灭菌法又称分段灭菌法。适用于不耐热培养基的灭菌。一般做法是:将待灭菌的培养基放在 100 C 下蒸煮 30～60 min,以杀死其中所有微生物的营养细胞,然后在室温或 20～30 C 下保温过夜,如此连续重复 3 次,即可在较低温度下达到彻底灭菌的效果。

(四)过滤除菌法

过滤除菌是将液体通过某种微孔材料,使微生物与液体分离的除菌方法。一些不能加热灭菌的液体物质(如维生素、血清),可采用细菌过滤器进行除菌。在细菌过滤器中,过滤板常用陶瓷、硅藻土或石棉等材料制成,孔眼很小,细菌不能通过。液体通过过滤板后,其中的细菌被除去。在进行过滤除菌前,细菌过滤器和接纳液体的器皿,都必须进行加压蒸汽灭菌,以防杂菌污染。

石棉板滤器又称蔡氏滤器,是一种常用的细菌过滤器,由一块石棉制成的圆形滤板和一个特制的漏斗组成(图13-4)。漏斗分上下两节,上节为圆形金属筒,下节为金属漏斗,两节之间由三个活动螺旋固定,便于装卸。使用时拆开两节,滤板放在漏斗的金属筛板上,再加上节,然后拧紧螺旋,将欲滤溶液置于滤器中抽滤。每次过滤必须用一张无菌滤板。石棉板滤器因容积大小不同而有各种型号,石棉板也有不同规格,使用时必须根据需要适当搭配。

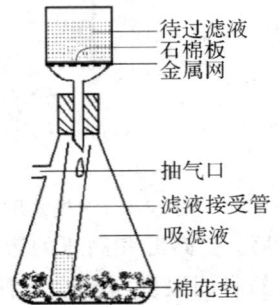

图 13-4　蔡氏滤器

(五)紫外线灭菌

波长 260~280 nm 之间的紫外线有很强的杀菌能力,一般紫外灯管能产生 2537 Å(1 Å = 0.1 nm)紫外光,杀菌力强而稳定,但穿透力很弱,只适宜物体表面和空气灭菌。例如接种室、培养室、手术室、药厂包装室等空气灭菌。30 W 紫外灯管,9 m³ 空间,距地面 2 m,每次打开紫外灯照射半小时,就可使室内空气灭菌。照射紫外线前,先喷洒石炭酸等化学消毒剂,可增强灭菌效果。

(六)化学药剂消毒灭菌

微生物实验室中常用的化学消毒剂有升汞、甲醛、高锰酸钾、酒精、碘酒、龙胆紫、石炭酸、漂白粉、煤酚皂溶液等。它们有的是杀菌剂,有的是抑菌剂,具体见表13-4。

表 13-4　常用化学抑菌剂和杀菌剂

类别	代表	常用浓度	作用机理	主要性状	用途及用法
醇类	乙醇	70%~75%	使菌体蛋白质变性	消毒力不强,对芽孢无效	皮肤、物品表面消毒
醛类	甲醛	37%~40% 26mL/m³	使菌体蛋白质变性	挥发慢,刺激性强	浸泡:物品表面消毒 熏蒸:直接加热或氧化,在密闭房间 6~24h
	戊二醛	以 0.3% NaHCO₃ 调 pH 至 7.5~8.5,2% 水溶液		挥发慢,刺激性小,碱性溶液杀菌作用强	不能用热力灭菌的物品,如精密仪器
酚类	石炭酸	3%~5%	低浓度破坏细胞膜,使胞浆内容物漏出;高浓度使蛋白质凝固。此外,也有抑制细菌某些酶系统的作用	杀菌力强,有特殊气味	3%~5%地面、家具、器皿表面消毒,1%~2% 皮肤消毒
	来苏儿	1%~2%			

续表

类别	代表	常用浓度	作用机理	主要性状	用途及用法
重金属离子	升汞	0.05%～0.1%	与带负电的细菌蛋白质结合,使之变性或发生沉淀,并能使酶蛋白的巯基失活	杀菌作用强,腐蚀金属	非金属器皿消毒
	红汞	2%水溶液		抑菌力强,无刺激性	皮肤黏膜、小创伤消毒
氧化剂	高锰酸钾	0.1%～3%	使菌体酶蛋白中的巯基氧化为二巯基而失去酶活性	强氧化剂,稳定	皮肤消毒、蔬菜、水果消毒
	过氧乙酸	0.2%～0.5%		20%市售品无爆炸危险,性质不稳定,原液对皮肤、金属有强烈腐蚀性	塑料、玻璃、人造纤维消毒、皮肤消毒
表面活性剂	新洁尔灭	0.05%～0.1%	吸附于细菌表面,改变细胞壁通透性,使菌体内的酶、辅酶和代谢中间产物逸出	易溶于水,刺激性小,稳定,对芽孢无效	洗手及皮肤黏膜消毒,浸泡器械
卤素及卤代物	漂白粉	乳状液:10%～20% 澄清液:乳状液放24h后上清液	氯与蛋白质中的氨基结合,使菌体蛋白质氯化,代谢机能发生障碍	白色粉末,有效氯易挥发,有氯味,腐蚀金属、棉织品,刺激皮肤,易潮解	乳状液:地面、厕所、排泄物消毒; 澄清液:空气、物品表面喷雾(0.5%～1%)
	碘酒	2.5%		刺激皮肤,不能与红汞同时用	皮肤消毒
染料	结晶紫	2%～4%水溶液	抑制细胞壁的合成作用	溶于酒精,有抑菌作用	浅表创伤消毒
酸类	乳酸	80%乳酸:1mL/m³	与细胞原生质结合		熏蒸消毒空气,可以预防流感
	食醋	3～5mL/m³			
碱类	石灰水	3%～5%水溶液	破坏酶的活性		地面消毒

三、实验器材

1.仪器:手提式高压灭菌锅,电热烘箱,恒温培养箱,细菌过滤器,紫外线杀菌室。

2.培养基:牛肉膏蛋白胨培养基,马铃薯－蔗糖培养基,高氏一号培养基。

3.其他用品:培养皿,吸管,试管,三角玻棒等。

四、实验程序

(一)干热灭菌

1.将所包装好的玻璃器皿(如三角瓶、试管、吸管、培养皿等)放入电热烘箱中,关好箱门。

2.打开烘箱顶部的通气孔,接上电源加热,使箱内空气的温度达到160～170℃。

3.关闭通气孔,使箱内的温度保持在160℃左右,并维持1.5～2.0h。

4.时间一到,切断电源。只有当温度降至60～70℃以下时,方可打开箱门取出灭菌物品,否则会因骤冷而使箱内的玻璃器皿破损。

(二)加压湿热灭菌

手提式高压灭菌锅灭菌的操作步骤如下:

1.在灭菌锅内加入一定量的水。将用防水纸包扎好的物品（如培养基、无菌水等），放进灭菌锅。

2.旋紧四周固定螺旋，接通电源，进行加热。

3.当压力达到 0.35 kg/cm² 时，打开放气阀，使锅内的空气和水蒸气一同排出，直至压力表的压力恢复至零，然后关闭排气阀，继续加热。

4.当压力表上的压力到达 1.05 kg/cm² 时，灭菌锅内的温度达到 121 ℃，维持 15～30 min。对热不稳定的培养基，应适当降低压力，延长灭菌时间。

5.灭菌时间一到，切断电源，待压力下降至零，打开排气孔，然后打开灭菌锅盖，取出物品。

6.取出物品后，倾去锅内余水，以保持灭菌锅内壁和内胆干燥。

（三）无菌检验

抽取少量灭过菌的培养基，置 30 ℃恒温培养箱中培养 24 h，若无菌生长，则认为灭菌彻底，贮存备用。

（四）示范与参观

1.观看教师示范，了解过滤除菌法的操作过程。
2.参观无菌室，了解紫外线灭菌法的操作过程。

五、注意事项

1.干热灭菌时，电烘箱内物品不要摆得太挤，以免妨碍热空气流通。避免物品与电烘箱内壁接触，以防包装纸烤焦起火。

2.采用手提式高压灭菌锅灭菌时，加水不可过少，以防烧干，引起灭菌锅炸裂。物品不宜紧靠锅壁，以免影响蒸汽流通和冷凝水顺壁流入灭菌物品。

3.切勿在高压灭菌锅尚有压力、温度高于 100 ℃的情况下开启排气阀，否则会因压力骤降而造成培养基溢出。

4.湿热加压灭菌期间，需有人看管，时刻注意压力表的读数，通过调节热源维持压力，以防发生事故。

六、问题与思考

1.为什么要保证培养基无菌？如何检查培养基灭菌是否彻底？
2.干热灭菌、高压蒸汽灭菌和常压间歇灭菌的原理、场合、条件有何不同？
3.为什么湿热灭菌法比干热灭菌法优越？

第五部分　无菌操作、接种技术和培养方法

在从事微生物工作中,获得纯培养物具有举足轻重的作用,而无菌操作、转移接种和分离培养是获得纯培养物的必备技术。对于这些操作技术必须全面了解,熟练掌握。

实验 14　无菌操作

若把试管看成一个系统,把试管以外的空间看成环境,人们总是力图不使系统内的培养物被系统外的杂菌污染,也总是力图不使系统内的培养物外泄,污染环境。要达到这个目的,必须阻断系统与环境之间的微生物交流。无菌操作是阻断微生物交流的重要手段。

无菌操作是指在微生物实验中所采取的预防杂菌污染的一切操作措施,主要包括创造无菌环境、使用无菌器材和遵循无菌操作规范等。

一、创造无菌环境

无菌环境是指人们通过理化手段使微生物数量降至最少(接近无菌)的一种环境。在微生物实验室中,常见的无菌环境有:酒精灯火焰附近的空间;超净工作台内的空间;无菌室内的空间。

(一)酒精灯

酒精灯(图 14-1)是实施无菌操作的有效工具。(1)作为高温热源,酒精灯可以杀灭空气中降落或气流中携带的微生物,在火焰附近产生一个小小的无菌环境。将试管口放在外焰周围,进行试管内培养物的移转,能够防止培养物受环境中杂菌的污染。(2)作为加热装置,酒精灯可以灼烧接种工具。将经过灼烧的接种工具伸入试管,可避免带入杂菌;将沾过培养物的接种工具放在火焰(内焰与外焰之间)上灼烧,则可消除培养物(特别是病原菌)对环境的影响。(3)作为火源,酒精灯还经常用于引燃玻璃器具表面沾带的酒精。为了保持洁净无菌,一般将载玻片保存于盛有无水酒精的广口瓶内,用酒精灯点燃载玻片表面的酒精,可以有效杀灭载玻片表面的微生物。

使用酒精灯时,应注意以下事项:(1)将易燃物品(如载玻片贮放瓶)放至远离酒精灯的地

图 14-1　酒精灯

方。(2)用火柴点燃酒精灯,严禁用一只酒精灯点燃另一只酒精灯。(3)用灯盖熄灭酒精灯,严禁用嘴吹灭酒精灯。

(二)超净工作台

超净工作台是一种提供高洁净度工作环境的设备(图 14-2)。上方装有照明灯和紫外灯。这种设备大多采用垂直单向空气流,室内空气经预过滤器进入静压箱,再经过高效空气过滤器,最后在操作区内形成高度洁净的垂直单向空气流。当洁净空气以一定流速通过工作区时,可将尘埃和生物颗粒(主要是微生物细胞)带走,从而形成无尘无菌的工作环境。

图 14-2　超净工作台

使用超净工作台时,应注意以下事项:(1)提前 30 min 打开紫外灯,启动风机。(2)净化区内尽量少放物品,保持气流畅通。(3)定期(每个月一次)检测风速,使其保持 0.32~0.48 m/s。若加大风机电压也不能获得所需的风速,则应更换高效过滤器。(4)定期(2~3 个月一次)拆洗或更换预滤器中的无纺布滤料。(5)定期(3 个月一次)检测工作台的洁净度,保持尘埃粒子小于 3.5 颗/L。(6)用平板培养基检测工作室空气中的微生物数量,每个平皿每小时(敞口 1 h)检出的平均菌落数不得超过 0.5 个。

(二)无菌室

无菌室是一种提供高洁净度工作环境的房间。

1. 无菌室的设计

无菌室的设计应满足下列条件:(1)无菌室要求严格密封,宜用玻璃作为隔板。为了排湿通风,顶部设百叶窗,窗口加活动盖板。侧面底部设进气孔,以引入过滤空气。(2)无菌室隔成里外两间。外间用作缓冲室,里间用作工作室。(3)无菌室应选用拉门,减少空气流动。外侧设一个小型玻璃橱窗,以传递物品,减少操作人员的进出次数。(4)无菌室内应有照明、电热、动力电源。(5)无菌室工作台应抗热、抗腐蚀,便于清洗消毒。

2. 无菌室的设备

(1)无菌室里外两间均应安装日光灯和紫外线杀菌灯。常用的紫外灯为 30 W,吊装在工作区的上方,距地面高度 2.0~2.2 m。(2)缓冲间应有工作台,以放置工作服、鞋、帽、口罩、手套、消毒剂等,另外还应有废物桶,以收集丢弃的物品。无菌室应配备接种工具,如酒精灯、接种环、接种针、剪刀、镊子、酒精棉花球瓶、记号笔等。

3.无菌室的灭菌

(1)熏蒸:可采用熏蒸技术对无菌室进行彻底灭菌。常用的熏蒸剂是福尔马林(含37%～40%甲醛的水溶液)。按6～10 mL/m³的标准计算用量,将其盛于瓷坩埚中,用电炉加热;或加半量高锰酸钾,通过氧化加热,使福尔马林蒸发。保持无菌室密闭12 h以上。由于甲醛对人具有很强的刺激性,在使用无菌室前1～2 h放入一搪瓷盘,用与甲醛等量的氨水(会释放氨气)中和甲醛。

(2)紫外线照射:每次使用无菌室前,打开紫外灯照射30 min,进行空气灭菌。切记先关掉紫外灯,再进入无菌室。

(3)石炭酸溶液喷雾:每次操作前,用手持喷雾器喷5%石炭酸溶液,主要喷至工作台和地面上,以防尘抑菌。

4.无菌室的菌检

为了解无菌室的灭菌效果,需要定期对室内空气进行杂菌检测。取牛肉膏蛋白胨琼脂平板培养基和马铃薯蔗糖琼脂平板培养基各3个,敞口放置在无菌室台面上,半小时后盖好;另设一份未打开盖的平板培养基作为对照,一起在30℃下培养48 h。根据检测结果,评判室内空气质量。每个平板培养基上检出的细菌和霉菌总数应分别少于10个,否则需重新灭菌。

二、使用无菌器材

使用无菌器材是无菌操作的重要组成部分。对从事微生物工作所需的器材,必须预先进行灭菌或消毒处理。玻璃器皿(如注射器、吸管、滴管、三角瓶、试管、培养皿)、金属器具(如手术刀、剪刀、镊子、针头)、培养基、工作服、口罩等常用灭菌处理。无菌室内的凳子、试管架、天平等常用消毒处理。可以包裹的物品,应先用包装纸包裹,再进行灭菌,以便长期保存。

三、遵循无菌操作规范

遵循无菌操作规范是保证无菌操作效果的重要措施。

1.操作前的准备

(1)提前30 min打开紫外灯,对无菌室进行灭菌处理。

(2)核对所需的实验器材,检查无菌物品的保存状况。

(3)关闭紫外灯,进入缓冲间,换好工作服、鞋、帽,戴上口罩,用消毒剂洗手。

(4)一切就绪后,进入无菌室,将所需的实验器材一次性带入,安放在无菌室台面上,依次排好。

2.操作步骤

(1)用火柴点燃酒精灯。一方面在火焰附近形成一个无菌区,另一方面为接种工具的灼烧灭菌提供火源。

(2)用酒精消毒菌种管或安瓿瓶。原菌种一般保存在菌种管或安瓿瓶中,为防止杂菌污染,开启前要用酒精棉消毒菌种管或安瓿瓶,消毒用于刻痕的砂轮或锉刀。

(3)备好液体培养基。若将菌种转移至装有培养基的锥形瓶中,需事先解除包装纸,松动棉花塞。

(4)将菌种转移至培养基中。开启菌种管或安瓿瓶后,立即在酒精灯旁拔出锥形瓶的棉花塞,将菌种倒入锥形瓶内,并马上插回棉花塞,使菌种与培养基混匀。废物丢入废物桶内。

在微生物研究中,最常见的操作是试管内的菌种转移。这种转移需借助接种工具,最常用的接种工具是接种环。在正常情况下,菌种试管内只有一个菌株,待接试管一般无菌,试管内外依靠棉花塞(试管盖)切断菌源交流。为了防止转移过程中发生杂菌污染,可采用如下操作(图14-3):

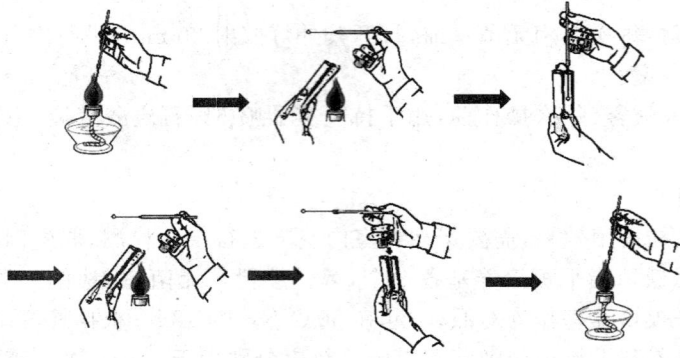

图 14-3 菌种转移过程中的无菌操作

(1)将接种环放在火焰上灼烧,杀灭表面携带的杂菌;

(2)在酒精灯火焰附近的无菌区拔出棉花塞(试管盖),并用火焰封住试管口;

(3)在无菌环境中(悬于酒精灯火焰附近或伸到试管内)冷却接种环,避免烫伤菌种,取出菌种后,马上移入待接试管内;

(4)从待接试管内抽出接种环后,用火焰灼烧试管口,杀灭可能沾上的杂菌;

(5)迅速插回棉花塞(试管盖);

(6)最后用火焰灼烧使用过的接种环,以防菌种扩散。

3. 操作后的清理

操作完成后,及时清理台面,取出培养物品和废物桶,打开无菌室内的紫外灯照射半小时。对于含有病原菌的器材,需先进行彻底灭菌,方可做其他处置。

实验 15 接种技术

将微生物培养物或含有微生物的样品移植到培养基上的操作过程称为接种(inoculation)。它是微生物实验的一项基本技术,其中包括菌种、接种工具和培养基的准备,以及根据菌种特性和培养基特性而采取的菌种转移方法。

一、接种前的准备

接种前,应根据目的确定所需转移的菌种,配好所需的培养基,并备好拟采用的培养器皿。除此以外,还需准备移植菌种所需的接种工具。常用的接种工具有接种针、接种环、接种钩、接种铲、移液管、滴管、玻璃涂棒等(图15-1)。

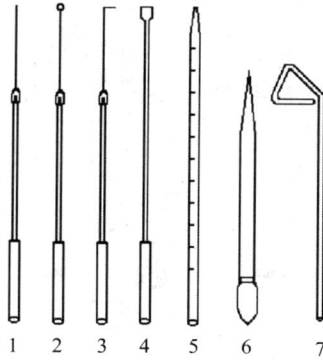

图 15-1　常用微生物的接种工具

1.接种针 2.接种环 3.接种钩 4.接种铲 5.移液管 6.滴管 7.玻璃涂棒

1.接种针、接种环和接种钩

接种针、接种环和接种钩最早用白金丝制作,通称白金耳。因价格昂贵,现多用 500～1000 W 镍铬合金电炉丝制作。接种针长度约为 8 cm,呈直线状,固定在长度约为 20 cm 的塑料柄(也可以是金属柄或竹柄)上。用于半固体培养基的穿刺接种。

将接种针的前端卷成一直径约 2 mm 的小圆环即成接种环。接种环是应用最广的接种工具,适用于各种微生物和培养基的接种。

将接种针的前端 3 mm 弯成直角即成接种钩。它被用于沾取微小细菌菌落的培养物,挑取放线菌和霉菌菌丝。

2.接种铲和接种锄

接种铲和接种锄均用不锈钢细丝制作,末端砸成扁平刀刃状,即为接种铲;将接种铲前端弯成直角,即为接种锄。接种铲和接种锄被用于刮取真菌菌丝和孢子等。

3.移液管和滴管

移液管和滴管常用于移接液体培养物。

4.玻璃涂棒

取一根直径为 3～5 mm,长度约 20 cm 的普通玻璃棒,将其一端在喷灯火焰上弯成三角形,并使其前端稍微弯曲,即成玻璃涂棒。它被用于涂抹接种于平板表面的菌液。

二、接种方法

(一)斜面接种技术

斜面接种是指从长好的斜面菌种上挑取少量菌种移植至另一支新鲜斜面培养基上的一种接种方法。具体操作如下。

1.贴好标签:接种前在距试管口约 2～3 cm 处贴好标签,注明菌名、接种日期、接种人姓名等。

2.点燃酒精灯。

3.接种:用接种环将少许菌种移接到贴好标签的试管斜面上。接种过程中必须采用无菌操作技术(图 15-2)。

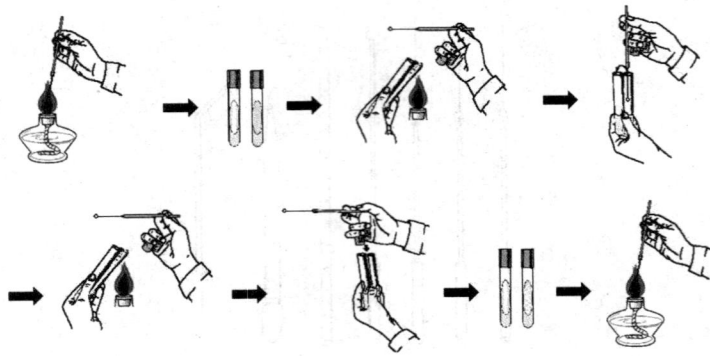

图 15-2 斜面接种

① 手持试管：将菌种和待接斜面的两支试管用大拇指和其他四指握在左手掌中，使中指位于两试管之间的部位，斜面面向操作者，并使它们位于水平位置。

② 旋松管塞：先用右手松动棉塞（试管盖），以便接种时拔出。

③ 准备接种环：右手拿接种环，在火焰上将环端灼烧灭菌，然后将有可能伸入试管的其余部分均匀灼烧灭菌，重复此操作，再灼烧一次。

④ 拔出管塞：用右手的无名指、小指和手掌边先后取下菌种管和待接试管的管塞，然后让试管口缓缓过火灭菌（切勿烧得过烫）。

⑤ 冷却接种环：将灼烧过的接种环伸入菌种管，先使环接触没有长菌的培养基部分，使其冷却。

⑥ 取菌：待接种环冷却后，轻轻沾取少量菌体或孢子，然后将接种环移出菌种管，注意不要使接种环部分碰到管壁，取出后不可使带菌的接种环通过火焰。

⑦ 接种：在火焰旁迅速将沾有菌种的接种环伸入另一支待接斜面试管。从斜面培养基的底部向上部作"Z"形来回密集划线，切勿划破培养基。有时也可用接种针在斜面培养基的中央划一条直线。直线接种可观察不同菌种的生长特点。

⑧ 插回管塞：取出接种环，灼烧试管口，并在火焰旁插回棉塞（试管盖）。插管塞时，不要用试管去迎棉塞（试管盖），以免试管在移动时纳入不洁空气。

⑨ 后处理：将接种环放在酒精灯上灼烧灭菌；放下接种环，用双手旋紧棉塞（试管盖）。

（二）液体接种技术

1. 用斜面菌种接种液体培养基时，有下面两种情况：如果接种量较小，可用接种环取少量菌体移入培养基（试管或锥形瓶等）中，将接种环在液体表面振荡或在器壁上轻轻摩擦把菌苔散开，抽出接种环，插回棉塞，再摇动液体，菌体即均匀分布在液体中。如果接种量较大，可先在斜面菌种管中注入一定量的无菌水，用接种环把菌苔刮下研开，再把菌悬液倒入液体培养基中。倾倒前需将试管口在火焰上灭菌。

2. 用液体培养物接种液体培养基时，可根据具体情况采用以下不同方法：用无菌移液管吸取菌液；直接把液体培养物移入液体培养基中；利用高压无菌空气通过特制的移液装置把液体培养物注入液体培养基中；利用压力差将液体培养物接入液体培养基（如发酵罐接入种菌液）。

（三）固体接种技术

固体接种最常见的形式是接种固体曲料。因菌种来源不同，可分为：

1.用菌液接种固体料。菌液可由刮洗菌苔制成，也可直接来自发酵液。接种时，按无菌操作的要求，将菌液直接倒入固体料中，搅拌均匀。接种所用的菌液量需包括在固体料的总加水量之内，否则会导致用菌液接种后曲料含水量过大，影响培养效果。

2.用固体种子接种固体料。可用孢子粉作菌种，也可用菌丝孢子混合菌种，直接把接种材料混入经灭菌的固体料内。接种后必须充分搅拌，使之混合均匀。一般先把种子菌和少部分固体料混匀后再拌大堆料。

（四）穿刺接种技术

穿刺接种技术是一种用接种针从菌种斜面上挑取少量菌体并把它穿刺到固体或半固体深层培养基中的接种方法。穿刺接种常用于菌种保藏，也常用于细菌运动能力的检查。具体操作见图15-3。

1.手持试管。

2.旋松棉塞（试管盖）。

3.右手拿接种针在火焰上将针端灼烧灭菌，接着把在穿刺中可能伸入试管的其他部位也灼烧灭菌。

4.用右手的小指和手掌边拔出棉塞（试管盖）。接种针先在培养基部分冷却，再用接种针针尖沾取少量菌种。

5.接种有两种手持操作法。一种是水平法，它类似于斜面接种法；另一种称为垂直法。尽管穿刺时手持方法不同，但穿刺时所用接种针都必须挺直，将接种针自培养基中心垂直地刺入培养基中。穿刺时要做到手稳，动作轻巧快速，并要将接种针穿刺到接近试管底部，然后沿着接种线将针拔出。最后，插回棉塞（试管盖），再将接种针上的残留菌在火焰上烧掉。

6.将接种过的试管直立于试管架上，放在30℃恒温培养箱中培养。24 h后观察结果。若细菌具有运动能力，它能沿着接种线向外运动而弥散，反之则细而密。

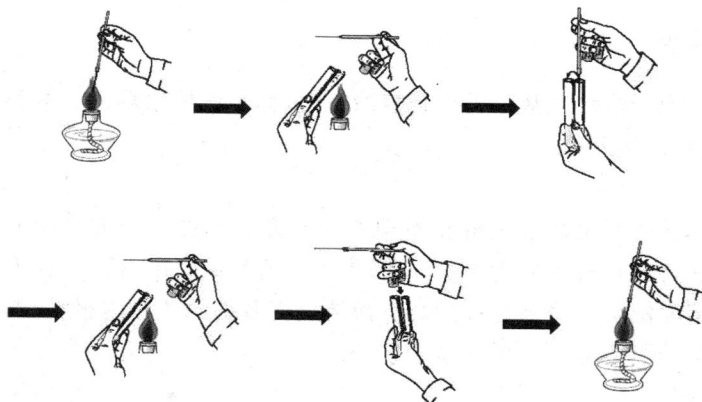

图 15-3　穿刺接种

实验 16　培养方法

　　微生物培养是扩增菌量,进而深化研究或推向应用的重要手段,它是微生物实验的一项基本技术。根据微生物对氧的要求,可将微生物培养分为好氧培养和厌氧培养。大多数细菌、放线菌、真菌是好氧微生物,只有在有氧条件下才能生长,培养中需要源源不断地供给氧气。

一、好氧菌的培养

(一)固体表面培养

　　将微生物接种在固体培养基表面,使其生长繁殖的方法,称固体表面培养。它广泛应用于好氧微生物的研究。例如,培养皿平板培养(图 16-1 左)常被用于菌种分离;斜面培养(图 16-1 右)常被用于菌种保藏。

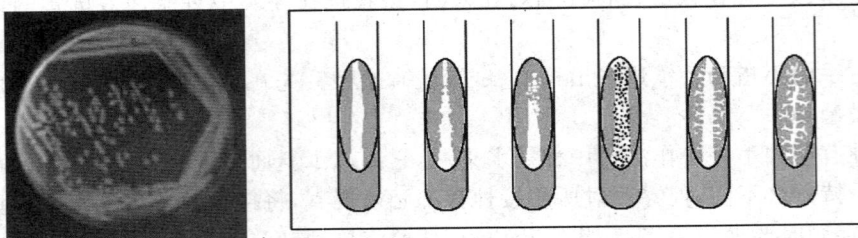

图 16-1　固体表面培养(左:平板培养,右:斜面培养)

　　为了提高培养效率,获得更多菌体,培养中经常采用增大表面积的办法,如采用克氏瓶(茄瓶)、罗氏瓶、锥形瓶等。

(二)液体培养法

　　将微生物接种到液体培养基中进行培养的方法,称为液体培养法。这类方法有静止培养、摇瓶振荡培养、发酵罐培养等。

　　1. 静止培养

　　静止培养是指接种后的培养液静止不动的培养方法。由于所用容器不同,培养方式也不同。试管培养法是将菌种接到装有 10 mL 液体培养基的试管中,摇匀,放入试管架,置于培养箱中培养。浅盘培养法则是将菌种接到装有液体培养基的搪瓷盘内,使液面与空气广泛接触。早年柠檬酸发酵培养黑曲霉时曾用浅盘培养法。

　　2. 摇瓶振荡培养

　　自 20 世纪 30 年代问世以来,摇瓶振荡培养很快成为微生物培养中的重要技术。摇瓶振荡培养的主要设备是摇床(旋转式摇床和往复式摇床)。以往的摇床大多没有控温装置,必须放在恒温室中运行,现在的摇床已有自动控温装置,无需放在恒温室中运行。用旋转式摇床进行微生物振荡培养时,固定在摇床上的锥形瓶随摇床以 200～250 r/min 的速度运动,由此带动培养物围绕着锥形瓶内壁平稳地转动。用往复式摇床进行振荡培养时(图 16-2),培养物被前后抛掷,引起较为激烈的搅拌和撞击。如要获得更大的供氧量,可在较大的烧瓶(250～500 mL)中装入少量培养基(20～30 mL)。如果所需的供氧量不大,则可采用较慢的振荡速度和较大的装液量。

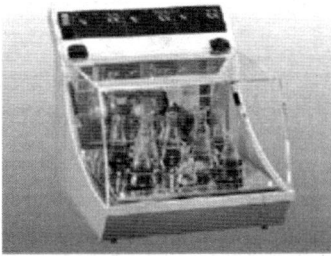

图 16-2　恒温摇床振荡培养

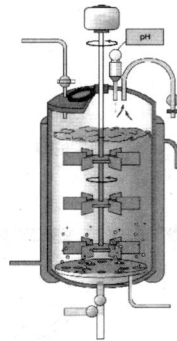

图 16-3　小型发酵罐

2.发酵罐培养

在实验室中,菌体的大量培养一般采用小型发酵罐(容积 5～30 L,图 16-3),发酵罐可以满足微生物对营养物质和氧气的要求,使微生物均匀生长,产生所需的菌体细胞或代谢产物,获得所需的实验数据。

二、厌氧菌的培养

在厌氧培养中,除氧是成败的关键。通过驱除培养基气相中的氧气和增强培养基的还原能力,可以为厌氧菌的生活创造一个良好的无氧环境。常用的厌氧菌培养方法有如下几种。

(一)深层穿刺培养

用一根 18～20 mm 直径的玻璃管,截成 180～200 mm 长,洗净烘干。一头塞入橡皮塞,另一头加入 2/3 管长的营养琼脂,并塞上橡皮塞或盖上试管盖,灭菌,冷凝后,进行穿刺接种,可培养出厌氧微生物菌落。

(二)干燥器培养

用一小干燥器(口内径 12～15 cm,图 16-4),在隔板下面放置一个小培养皿的底皿,其中加入 5 mL 10% 或 2.5 mL 20% NaOH,将此小培养皿的底皿放入一个大培养皿底皿内,在小培养皿底皿上架设一片载玻片,在载玻片边沿铺放 0.5 g 焦性没食子酸。在小干燥器的隔板上面放置需要培养的培养皿或试管,并放一管美蓝指示剂。将干燥器盖上并用凡士林密封。稍稍倾斜干燥器,使铺放于载玻片边沿的焦性没食子酸掉入小培养皿的底皿内,与其中的 NaOH 溶液反应(式 16-1),吸收氧气。把此干燥器置于恒温培养箱中即可进行厌氧培养。

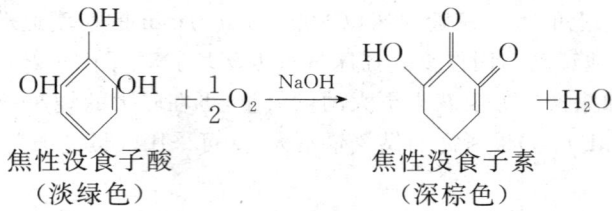

$$\text{焦性没食子酸} + \frac{1}{2}O_2 \xrightarrow{\text{NaOH}} \text{焦性没食子素} + H_2O$$

焦性没食子酸   焦性没食子素

（淡绿色）   （深棕色）   (16-1)

也可采用抽气法,把培养物置于干燥器内,先用真空泵抽气,使之形成厌氧条件,然后再把干燥器置于 30℃下培养。

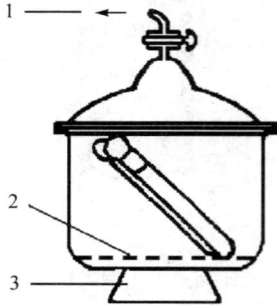

图 16-4　干燥器培养

1.连接真空泵 2.隔板 3.吸氧剂

图 16-5　厌氧培养罐

（三）厌氧罐培养

厌氧培养罐(图 16-5)是一个透明的圆柱形罐体(可放 10 个常规培养皿),其上有一个可用螺旋夹固定的罐盖,盖中央有一个用不锈钢丝织成的催化剂室,室内放置钯催化剂。厌氧罐内常放一种美蓝溶液,用于指示氧化还原电位。

该技术的操作步骤为:先装入经接种的培养皿或试管菌样;接着封闭罐盖;然后抽真空→灌 N$_2$→抽真空→灌 N$_2$→抽真空→灌混合气体(N$_2$:CO$_2$:H$_2$＝80:10:10,V/V);最后在钯的催化下,使氧气与氢气反应而去除,形成一个良好的无氧环境(美蓝指示剂从蓝色变为无色)。把厌氧培养罐置于恒温培养箱中即可进行厌氧培养。

（四）厌氧手套箱培养

厌氧手套箱(图 16-6)结构严密、不透气,始终充满惰性气体(N$_2$:CO$_2$:H$_2$＝85:5:10,

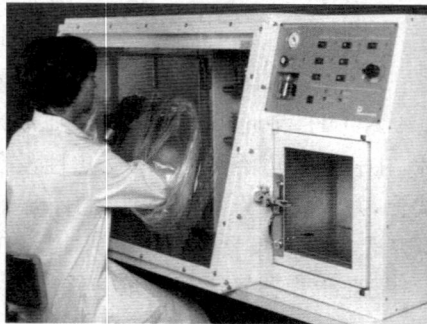

图 16-6　厌氧手套箱

V/V),并以钯作为催化剂保证箱内处于高度无氧状态。箱体箱壁上设有两个塑料手套,可进行各种箱内操作。箱内设有恒温培养箱,可随时进行厌氧培养。箱体一侧设有交换室,具有密闭和抽气换气装置,物件由交换室进出箱体。

(五)亨盖特滚管培养

将盛有厌氧培养基的厌氧试管中的琼脂(1%琼脂)熔化,并保存于 45～48℃水浴中。用无菌水稀释好待分离样品,并用无菌注射器准确地吸取 0.5 mL 待分离样品,在无菌条件下注入厌氧试管中,用试管振荡器(图 16-7)混匀,立即放在盛有冰浴的滚管机(图 16-8)上滚动,使培养基均匀地凝固在厌氧试管的管壁上,形成一薄层(图 16-9),置 30℃恒温培养箱中培养。为了防止含菌量过高,可采用 10 倍稀释法,将样品稀释到 10^{-7}～10^{-8} 倍,以便分离单菌落。琼脂容易凝固,操作应当迅速。

图 16-7　试管振荡器

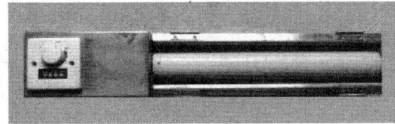

图 16-8　厌氧滚管机

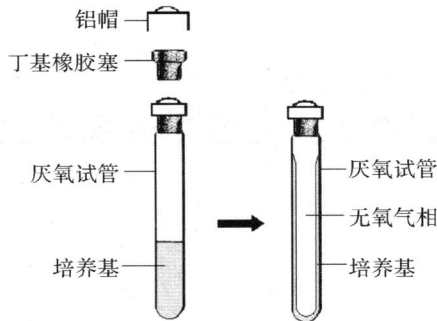

图 16-9　厌氧试管

滚管壁上长出菌落后,可用无菌弯头毛细管(用玻璃滴管的细端在火焰上拉细,并弯成120°即成)吸取长有菌落的琼脂,加至新鲜无菌厌氧培养基中进一步培养。

第六部分　微生物分离与纯化技术

在自然条件下,微生物常以群落状态存在。群落是不同种类微生物的混合体。要研究某种微生物的特性或者要大量培养和使用某种微生物,必须从这些混杂的微生物群落中获得所需微生物的纯培养物。这种获得纯培养物的方法称为微生物的分离纯化技术。

分离纯化技术主要由采取样品、富集培养、纯种分离和性能测定四个环节组成。采取样品:主要依据目的菌的生态分布,决定采样地点。富集培养:主要依据目的菌的生理特性,加入某些特定物质,使需要的微生物增殖,造成数量上的优势,限制不需要的微生物增殖。纯种分离:常用的方法有10倍稀释平板分离法、平板涂布法、平板划线法、单细胞分离法等。性能测定:测定目的菌的性能,并据此进行初筛和复筛。

下面重点介绍采用10倍稀释平板分离法、平板涂布法和平板划线法,从土壤中分离细菌、放线菌和真菌的程序。

实验 17　从土壤中分离微生物

一、目的要求

1. 了解平板划线法分离微生物的原理。
2. 初步掌握从土壤中分离细菌的基本技术。

二、实验原理

土壤是微生物生活的大本营,是寻找和发现具有重要价值微生物的主要菌源。在不同土壤中,各类微生物的数量千差万别。为了分离获得某种微生物,需要预先制备不同稀释度的菌悬液,并添加相应的抗生素抑制不需要的微生物,例如,添加链霉素 $25 \sim 50$ U/mL 抑制细菌;添加 0.5% 重铬酸钾液或制霉素 50 U/mL 抑制霉菌。通过 10 倍稀释以及平板分离、平板涂布和平板划线等操作,微生物可在平板上分散成单个的个体,经过适宜条件培养,单个个体可形成单个菌落。挑取单个菌落转接至新鲜平板上,即可使目的菌种纯化。

三、实验器材

1. 菌源：选定采取土样的地点后，铲去表土层（2～3 cm），取深层（3～10 cm）土壤 10 g，装入无菌牛皮袋内，封好袋口，并记录取样地点、环境特征和详细日期。取回土样后，及时分离菌种，若不能及时分离，将土样保存在低温、干燥的条件下，尽可能减少菌相变化。

2. 培养基（10 mL 装）：牛肉膏蛋白胨琼脂培养基，淀粉琼脂培养基，马铃薯蔗糖培养基。

3. 无菌水：在 250 mL 锥形瓶中，灌装 45 mL 蒸馏水，放入 10 粒玻璃珠；在 5～7 支试管中灌装 9 mL 蒸馏水，灭菌备用。

4. 试剂：5000 U/mL 链霉素液；0.5% 重铬酸钾液或 50 U/mL 制霉素。

5. 其他用品：无菌培养皿，无菌移液管，无菌三角玻棒，接种环，酒精灯，火柴，特种铅笔，标签纸，胶水，天平，恒温水浴锅，恒温培养箱。

四、实验程序

（一）制备土壤稀释液

1. 制备土壤悬液

称取 5 g 土壤，在火焰旁放入装有 45 mL 无菌水的锥形瓶中，振荡 10 min，使土样中的菌体、芽孢或孢子均匀分散，制成稀释度为 10^{-1} 的土壤悬液（图 17-1）。

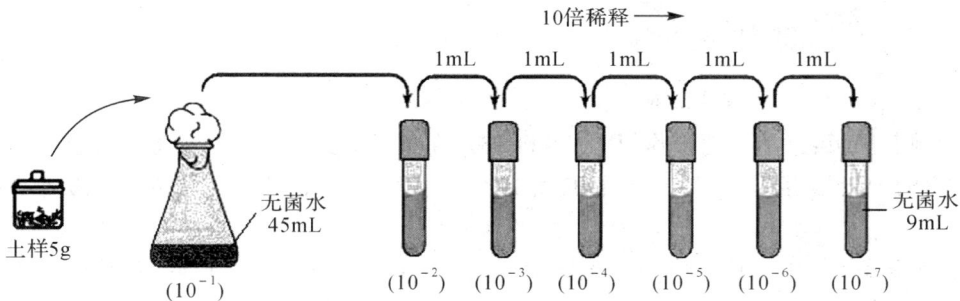

图 17-1　土壤稀释液的制备

2. 制备土壤稀释液

另取 6 支装有 9 mL 无菌水试管，用特种铅笔编上 10^{-2}、10^{-3}、10^{-4}、10^{-5}、10^{-6}、10^{-7}，放在试管架上。让制好的 10^{-1} 土壤悬液静止 0.5 min，取 1 支无菌移液管，从移液管包装纸上半段（近吸管口）撕口，将包装纸分成上下两段，去上段包装纸，左手持锥形瓶底，以右手掌及小指、无名指夹住锥形瓶上棉塞，在火焰旁拔出棉塞（棉塞夹在手上，不得放在桌面上），去下段包装纸，将移液管吸液端伸进锥形瓶内，吸取 1 mL 土壤悬液（常用嘴巴吸取，也可用定量移液器或自动移液器吸取，图 17-2），右手将棉塞插回锥形瓶上，左手放下锥

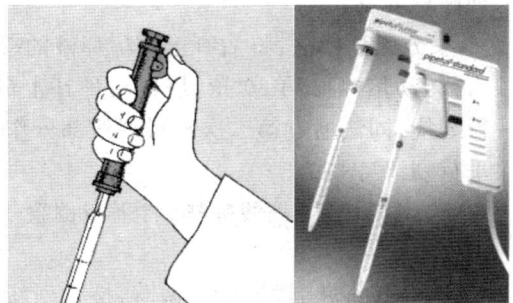

图 17-2　定量移液器（左）和自动移液器（右）

形瓶,换持编号为 10^{-2} 的无菌水试管,在火焰旁拔出棉塞(试管盖),将移液管伸进无菌水试管内,放入土壤悬液,并在试管内反复吹吸 3 次,使之充分混匀,制成 10^{-2} 土壤稀释液,取出移液管,插回棉塞(试管盖)。接着换一支无菌移液管,按照前面的方法从编号为 10^{-2} 的试管中吸取 1 mL 稀释液,加入编号为 10^{-3} 的无菌水试管中,混匀后制成 10^{-3} 土壤稀释液。继续上述操作,依次制成 $10^{-4} \rightarrow 10^{-5} \rightarrow 10^{-6} \rightarrow 10^{-7}$ 土壤稀释液(图 17-1)。

(二)分离微生物

1.划线法分离细菌

(1)准备好培养皿:两人一组,每组取 2 套无菌培养皿。在无菌培养皿的皿底贴上标签,注明菌名、稀释度、组别、班级。

(2)融化培养基:在沸水中融化细菌培养基,融化后,保存于 45～50℃恒温水浴锅(图 17-3)中备用。

图 17-3　恒温水浴锅

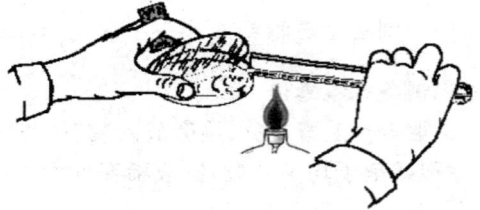

图 17-4　倒平板

(3)制备平板:采用无菌操作(详见实验 16),在备好的无菌培养皿中倾入已融化并冷却至 45～50℃的细菌培养基(图 17-4),将培养皿放在桌面上轻轻前后左右晃动,静置冷凝制成平板。

(4)平板划线:用接种环取一环土壤稀释液(单号同学用 10^{-5} 稀释液,双号同学用 10^{-6} 稀释液度),在平板上划线。

① 连续划线法:将沾有土壤稀释液的接种环在平板培养基表面作连续划线(图 17-5),切勿划破培养基。

② 分区划线法:将沾有土壤稀释液的接种环在平板培养基的一边作第一次平行划线 3～4 条,再转动培养皿约 60°角,烧掉接种环上的剩余物,待冷却后通过第一次划线部分作第二次平行划线,同法通过第二次平行划线部分作第三次平行划线,通过第三次平行划线部分作第四次平行划线(图 17-5)。

(5)恒温培养:划线完毕,将平板倒置于 28～30℃恒温箱中,培养 1～2 d。观察细菌菌落形态。

(6)转接纯化:挑取单个菌落,接种到新鲜平板上,培养观察,直至纯化。

2.涂布法分离放线菌

(1)准备好培养皿:两人一组,每组取 2 套无菌培养皿。在无菌培养皿的皿底贴上标签,注明菌名、稀释度、组别、班级。

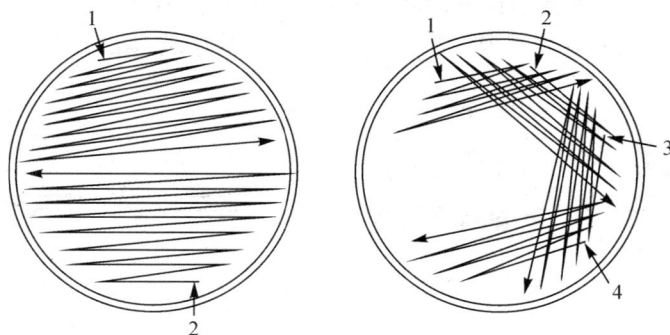

图 17-5　平板划线分离的划线方法
左:连续划线法(1、2 为依次划线的起点)
右:分区划线法(1、2、3、4 为依次划线的起点)

(2)融化培养基:在沸水中融化放线菌培养基,融化后,保存于 45~50℃恒温水浴锅中备用。

(3)制备平板:采用无菌操作(详见实验 16),在备好的无菌培养皿的一边加入两滴 0.5%重铬酸钾溶液(或 50 U/mL 制霉素溶液),在培养皿的另一边倾入已融化并冷却至 45~50℃的放线菌培养基,将培养皿放在桌面上轻轻前后左右晃动,使重铬酸钾溶液和培养基混合均匀,静置冷凝制成平板。

(4)涂布平板:以无菌移液管加入 0.1 mL 制好的土壤稀释液(单号同学用 10^{-3} 稀释液,双号同学用 10^{-4} 稀释液),取无菌三角玻棒,把上述稀释液在平板表面涂抹均匀(图 17-6)。在涂抹时不要弄破平板,以免影响菌落的生长。

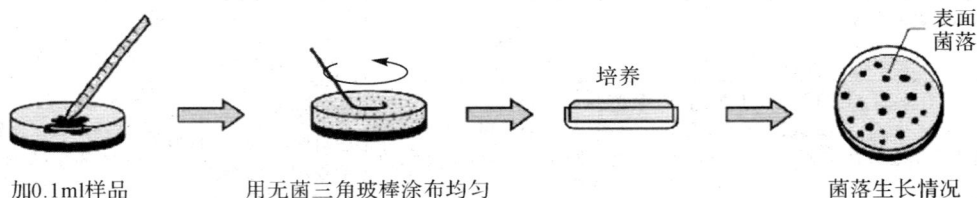

加0.1ml样品　　　　用无菌三角玻棒涂布均匀　　　培养　　　菌落生长情况　表面菌落

图 17-6　平板涂布法

(5)恒温培养:将平板倒置于 28~30℃恒温箱中,培养 5~6 d。观察放线菌菌落形态,计数菌落,并算出每克土壤中放线菌的数量(即用某一培养皿内放线菌的菌落数乘以 10,再乘以该培养皿接种液的稀释倍数)。

(6)转接纯化:挑取单个菌落,接种到新鲜平板上,培养观察,直至纯化。

3.倾注法分离真菌

(1)准备好培养皿:两人一组,每组取 2 套无菌培养皿。在无菌培养皿的皿底贴上标签,注明菌名、稀释液、组别、班级。

(2)融化培养基:在沸水中融化真菌培养基。融化后,保存于 45~50℃恒温水浴锅中备用。

(3)制备混合液平板:采用无菌操作(详见实验 16),在备好的无菌培养皿的一边加入两滴 5000 U/mL 的链霉素液,在培养皿的另一边以无菌移液管加入 1 mL 制好的土壤稀释液(单号同学用 10^{-5} 稀释液,双号同学用 10^{-4} 稀释液,注意不要让两液相混),倾入已融化并冷却至 45~50℃的真菌培养基(温度过高会烫死微生物;在皿盖上形成较多冷凝水,也会影响分离效果。

温度过低培养基易凝固,平板易出现凝块,高低不平),将培养皿放在桌面上轻轻前后左右晃动,使菌悬液、链霉素液和培养基混合均匀,静置冷凝制成平板(图17-7)。

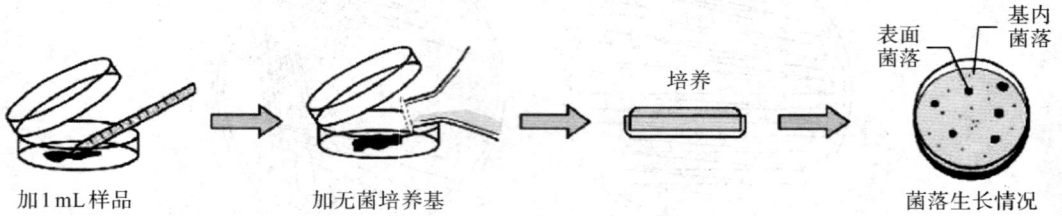

图 17-7　倾注法

(4)恒温培养:待平板完全冷凝后,将平板倒置于28~30℃恒温箱中,培养5~6 d。观察真菌菌落形态,计数菌落,并算出每克土壤中真菌的数量(即用某一培养皿内真菌的菌落数乘以该培养皿接种液的稀释倍数)。

(5)转接纯化:挑取单个菌落,接种到新鲜平板上,培养观察,直至纯化。

(三)四大类微生物菌落形态的识别和比较

微生物的个体形态是群体形态的基础,群体形态则是无数个体形态的集中反映,每一类微生物都有一定的菌落特征,大部分菌落都可以根据形态、大小、色泽、透明度、致密度和边缘等特征来识别。

熟悉和掌握四大类微生物(即细菌、酵母菌、放线菌和霉菌)的形态特征,对于菌种的识别和筛选具有重要作用。四大类微生物菌落的基本特征见表17-1和图17-8。

表 17-1　细菌、放线菌、酵母菌和霉菌菌落的形态特征及主要区别

特征　类群 项目	细菌	放线菌	真菌	
			酵母菌	霉菌
菌落表面形态特征	圆形或不规则;边缘光滑或不整齐;大小不一,表面光滑或皱褶;颜色不一,常见灰白色、乳白色;湿润黏稠	与细菌比较,主要区别为表面干燥,呈细致的粉末状或茸毛状	颇似细菌的菌落,一般圆形,表面光滑,但不及细菌菌落湿润、黏稠;多显乳白色	与细菌比较,差异显著。与放线菌比较,表面呈绒毛状或棉絮状,如呈粉末状,则不及放线菌致密
菌落在培养基上生长情况	整个菌落易用接种环从培养基表面刮去	菌落表面的粉末或茸毛(气生菌丝和孢子丝)可用接种环从培养基表面刮去,但菌落基部(基质菌丝)不易用接种环刮去,留下圆形、密实的基部菌丝块	与细菌相似	与放线菌比较,整个霉菌菌落可用接种环从培养基表面刮去,不会在培养基上留下圆形、密实的基部菌丝块。
菌落生长过程	从菌落形成到成熟,主要变化为增大、增厚、颜色加深	初期出现由密实的基质菌丝构成的菌落,随后菌落表面出现细致、绒毛或粉末状的气生菌丝和孢子丝,并呈现不同颜色	与细菌相似	初期出现白色或无色的绒毛状或棉絮状菌落,随后霉菌形成孢子,呈现粉末状和不同颜色
可能出现的气味	臭味	土腥味、冰片味	酒香味	霉味

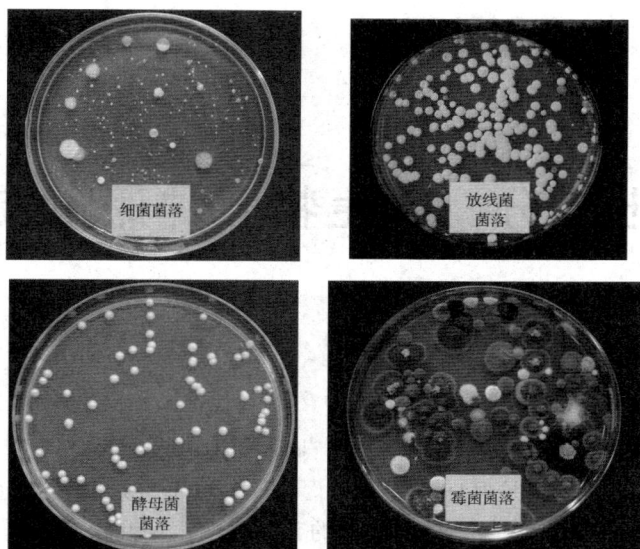

图 17-8 四大类微生物的菌落形态

四大类微生物在个体和菌落上的主要区别是：

1. 细胞形态

细菌 —— 小而分散。

酵母菌 —— 大而分散。

放线菌 —— 细丝状。

霉菌 —— 粗丝状。

2. 菌落形态

细菌 —— 表面湿润,小而薄。

酵母菌 —— 表面湿润,大而厚。

放线菌 —— 表面干燥,小而致密。

霉菌 —— 表面干燥,大而蓬松。

五、注意事项

1. 制备混合液平板时,不要在注入培养基前让链霉素液与土壤稀释液相混。

2. 制备混合液平板时,倾注的培养基温度不能太高,过高的温度会烫死微生物。

六、思考题

1. 分离放线菌和真菌为什么要加重铬酸钾和链霉素?

2. 平板培养时为什么要把培养皿倒置?

第七部分　微生物菌种保藏技术

一切从科学研究或生产实践中获得的优良菌种,都是国家的重要资源。菌种保藏是微生物工作的基础。菌种保藏的目的是保证菌种不死亡、不变异、不被杂菌污染、保持优良性状。菌种保藏的原理是创造一种环境,使菌种处于最低的新陈代谢水平和不活跃的生长繁殖状态,从而降低菌种变异率,长期维持菌种的优良特性。菌种保藏须遵循的原则是:(1)选用典型的纯培养物,最好采用休眠体(如细菌的芽孢、放线菌和真菌的孢子等)进行保藏;(2)创造有利于菌种休眠的环境条件(如低温、干燥、缺氧、缺营养、添加保护剂等);(3)尽量减少传代次数。

实验 18　菌种简易保藏

常用的菌种简易保藏方法有斜面低温保藏法、半固体穿刺保藏法、液体石蜡封藏法、砂土管保藏法等。由于这些保藏方法不需要特殊实验设备,操作简便易行,故为一般实验室广泛采用。

一、目的要求

1. 了解几种常用的菌种简易保藏原理。
2. 学习几种常用的菌种简易保藏法。

二、基本原理

斜面低温保藏法(图 18-1)和半固体穿刺保藏法(图 18-2)是将在斜面或半固体培养基上已经长好的培养物置于 4～5℃冰箱中保藏,并定期移植。这两种方法的基本原理都是利用低温抑制微生物的生长繁殖,从而延长保藏时间。

液体石蜡封藏法(图 18-3)是在新鲜的斜面培养物上,覆盖一层已灭菌的液体石蜡,再置于 4～5℃冰箱中保藏。液体石蜡主要起隔绝空气的作用,使外界培养物不与空气直接接触,从而降低对微生物的供氧量。液体石蜡也起着减少培养基水分蒸发的作用。这种方法的基本原理是利用缺氧和低温抑制微生物生长繁殖,从而延长保藏时间。

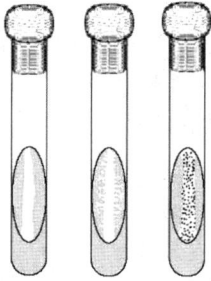

图 18-1　斜面低温保藏法

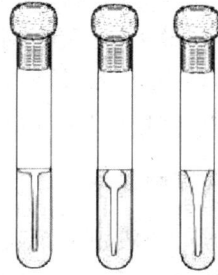

图 18-2　半固体穿刺保藏法

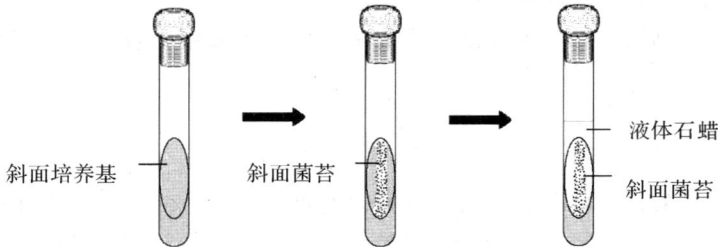

斜面培养基　　斜面菌苔　　液体石蜡　斜面菌苔

图 18-3　液体石蜡保藏法

图 18-4　砂土管保藏法

　　砂土管保藏法(图 18-4)是将待保藏的菌种接种于适当的斜面上,培养后制成孢子悬液;再通过无菌操作将孢子悬液滴入已灭菌的砂土管中,使孢子被吸附在砂子上;然后将砂土管置于真空干燥器中,抽真空吸干砂土管中水分,最后将干燥器置于 4℃冰箱中保藏。这种方法的基本原理是利用干燥、缺氧、缺营养、低温等因素综合抑制微生物生长繁殖,从而延长保藏时间。

三、实验器材

　　1.菌种:准备保藏的细菌、放线菌、酵母菌和霉菌。

　　2.培养基:牛肉膏蛋白胨斜面培养基,牛肉膏蛋白胨半固体深层培养基,豆芽汁葡萄糖斜面培养基,高氏一号斜面培养基,LB(Luria broth)培养基。

　　3.其他用品:接种环,接种针,无菌滴管,无菌液体石蜡,无菌甘油,五氧化二磷或无水氯化钙,黄土,河砂等。

四、实验程序

(一)斜面低温保藏

这是实验室中最常用的一种保藏方法,适于保藏细菌、放线菌、酵母菌及霉菌。

1.接种:将不同菌种接种在适宜的斜面培养基上。

2.培养:在适宜的温度下培养,使其充分生长。如果是生芽孢的细菌或生孢子的放线菌和霉菌,都要等到孢子长成后再进行保存。

3.保藏:将培养好的菌种置于4～5℃冰箱中保藏。

4.转接:不同微生物都有一定的有效保藏期,一般菌种3～6个月需转接一次,到期后需转接至新配的斜面培养基上,经适当培养后,再行保藏。此法优点是操作简单,无需特殊设备;缺点是保藏时间短,菌种反复转接后,遗传性状易发生变异,生理活性易发生减退。

(二)半固体穿刺保藏

这种保藏方法一般用于保藏兼性厌氧细菌或酵母菌。

1.接种:用穿刺接种法将菌种接种至半固体深层培养基中央部分,注意不要穿透底面。

2.培养:在适宜的温度下培养,使其充分生长。

3.保藏:将培养好的菌种置于4～5℃冰箱中保藏。

4.转接:一般在保藏半年或一年后,需转接到新配的半固体深层培养基中,经培养后,再行保藏。

(三)液体石蜡保藏

液体石蜡保藏法适宜于保藏霉菌、酵母菌和放线菌,保藏时间可长达1～2年,并且操作简单易行,但不适宜于某些细菌和霉菌(如固氮菌、乳杆菌、分枝杆菌和毛霉、根霉等)的保藏。

1.液体石蜡灭菌:将液体石蜡置于100 mL的锥形瓶内,每瓶装10 mL,塞上棉塞,外包牛皮纸,高压蒸汽灭菌,0.1 MPa灭菌30 min。灭菌后将装有液体石蜡的锥形瓶置于105～110℃的烘箱内约1 h,以除去液体石蜡中的水分。

2.接种:将菌种接种至适宜的斜面培养基上。

3.培养:在适宜的温度下培养,使其充分生长。

4.加液体石蜡:用无菌吸管吸取已灭菌的液体石蜡,注入到已长好菌苔的斜面上,液体石蜡的用量以高出斜面顶端1 cm左右为准,使菌种与空气隔绝。

5.保藏:将注好石蜡的斜面培养物直立,置于4～5℃冰箱中或室温下保藏。

6.转接:到保藏期后,需将菌种转接到新配的斜面培养基上,培养后再加入适量液体石蜡,再行保藏。

(四)砂土管保藏

砂土管保藏法仅适用于保藏产生芽孢或孢子的微生物,常用于保藏芽孢杆菌、梭菌、放线菌或霉菌等,保藏期达数年之久。

1.无菌砂土管制备:(1)河砂处理。取河砂若干,用40目筛子过筛,除去大颗粒。再用10%HCl溶液浸泡2～4h(盐酸用量应浸没砂面),除去有机杂质,倾去盐酸,用自来水冲洗至中性,烘干。(2)筛土。取非耕作层的瘦黄土若干,磨细,用100目筛子过筛。(3)砂和土混合。取1份土加4份砂混合均匀,装入小试管中(如血清管大小)。装量约1 cm左右,塞上棉塞。(4)灭菌。高压蒸汽灭菌,0.1 MPa灭菌1 h。每天一次,连灭3 d。(5)无菌检查。取灭菌后的砂土少许,接入牛肉膏蛋白胨培养液中,30℃培养1～2 d,观察有无杂菌生长。如有,则需重新灭菌。

2.制备菌悬液:吸取3～5 mL无菌水至1支已培养好待保藏的菌种斜面中,用接种环轻轻搅动培养物,使成菌悬液。

3.加样:用无菌吸管吸取菌悬液,在每支砂土管中滴加4～5滴菌悬液,用接种环搅拌,塞上砂土管棉塞。

4. 干燥:将已滴加菌悬液的砂土管置于干燥器内。干燥器内应预先放置五氧化二磷或无水氯化钙用于吸水。当五氧化二磷或无水氯化钙因吸水而变成糊状时,需及时更换。如此数次,使砂土管干燥。有条件时,也可用真空泵连续抽气约 3h,干燥效果更佳。

5. 抽样检查:从抽干的砂土管中,每 10 支抽 1 支进行检查。用接种环取少许砂土,接种到适合于所保藏菌种生长的斜面上,进行培养。检查有无杂菌生长以及所保藏菌种的生长情况。

6. 保藏:若经检查没有发现问题,可采用下列任何一种措施进行保藏。(1)砂土管继续放在干燥器内,将干燥器置于室温或冰箱中。(2)将砂土管带塞一端浸入熔化的石蜡中,使管口密封。(3)在喷灯上,将砂土管棉塞以下的玻璃烧熔,封住管口,再置于冰箱中保存。

五、注意事项

1. 保藏前,应使菌种充分生长,如果是生芽孢的细菌或生孢子的放线菌和霉菌,必须等到孢子长成。

2. 到保藏期后,及时将菌种转接到新配的培养基上,重新保藏。

六、问题与思考

1. 实验室中最常用哪一种方法保藏细菌菌种?

2. 砂土管保藏法适用于保藏何种类型的微生物?灭菌后的砂土管为什么必须进行无菌检查?

实验 19　菌种冷冻真空干燥保藏

冷冻真空干燥保藏法是目前最有效的菌种保藏方法之一。它拥有两个突出的优点:一是适用范围广。据报道,除了不宜保藏少数不生孢子只产生菌丝体的丝状真菌外,其他各大类微生物(如细菌、放线菌、酵母菌、丝状真菌以及病毒)都可采用此法保藏。二是保藏期长、存活率高。此法的保藏期一般可长达数年至十几年,并且均能取得良好保藏效果。它的缺点是设备昂贵,操作复杂。

一、目的要求

1. 了解冷冻干燥保藏法的原理。
2. 学习冷冻真空干燥保藏法的操作。

二、基本原理

冷冻真空干燥保藏法集中了菌种保藏的多个有利条件,如低温、缺氧、干燥和添加保护剂。主要包括三个步骤:首先将待保藏菌种的细胞或孢子悬浮于保护剂(如脱脂牛奶)中,目的是减少因冷冻或水分升华对微生物细胞造成的损害;继而在低温下(－70℃左右)使微生物细胞快速冷冻;最后在真空条件下使冰升华,以除去部分水分。

三、实验器材

1.菌种:准备保藏的细菌、放线菌、酵母菌或霉菌。
2.培养基:适于培养待保藏菌种的各种斜面培养基。
3.试剂:脱脂牛奶,2%HCl 等。
4.器皿:安瓿管,长颈滴管,青霉素小瓶,无菌移液管,冷冻干燥装置。

四、实验程序

(一)冷冻真空干燥保藏

1.准备安瓿管:安瓿管一般用中性硬质玻璃制成,管内径约 6～8 mm,长度约 100 mm,先用 2%盐酸浸泡过夜,然后用自来水冲洗至中性,最后用蒸馏水冲洗 3 次,烘干备用。将印有菌名和接种日期的标签纸置于安瓿管内,印字一面向着管壁,管口塞上棉花塞并包上牛皮纸,高压蒸汽灭菌,0.1 MPa 灭菌 30 min。

2.制备菌悬液:(1)菌种斜面培养。一般利用最适培养基在最适温度下培养菌种斜面,以便获得生长良好的培养物(一般为静止期细胞)。芽孢细菌可以保藏芽孢,放线菌和霉菌则可保藏孢子。不同菌种所需的斜面培养时间各不相同,细菌培养 24～48 h,酵母菌培养 3 d 左右,放线菌和霉菌培养 7～10 d。(2)制备菌悬液。吸取 2 mL 已灭菌的脱脂牛奶至培养好的新鲜菌种斜面中,用接种环轻轻刮下培养物,使其悬浮在牛奶中,制成的菌悬液浓度以 10^8～10^{10}个/mL 为宜。(3)分装菌悬液。用无菌长滴管吸取 0.2 mL 菌悬液,滴加在安瓿管底部,注意不要使菌悬液粘在管壁上。

3.冷冻真空干燥的操作步骤为:(1)菌悬液预冻。将装有菌悬液的安瓿管直接放在低温冰箱中(－35～－45℃)或放在干冰无水乙醇浴中进行预冻。预冻的目的是使菌悬液在低温条件下冻结成冰(注意预冻温度不要超过－25℃,因为含有脱脂牛奶的菌悬液冰点下降)。(2)冷冻真空干燥。将装有已冻结菌悬液的安瓿管置于真空干燥箱中,开动真空泵进行真空干燥。若采用简易冷冻真空干燥装置,应在开动真空泵后 15 min 内,使真空度达到 0.0667 MPa。在此条件下,菌悬液保持冻结状态并逐渐升华。继续抽气,当真空度达到 0.0267～0.0133 MPa 后,维持 6～8 h,样品即被干燥,干燥样品呈白色疏松状态。(3)安瓿管封口。样品干燥后,先用火焰将安瓿管棉塞下端处烧熔并拉成细颈,再将安瓿管接在封口用的抽气装置上,开动真空泵,室温抽气,当真空度达到 0.0267 MPa 时,继续抽气数分钟,再用火焰在细颈处烧熔封口。(4)保藏。将封口带菌安瓿管置于冰箱(5℃左右)中或室温下避光保存。

(二)简易冷冻真空干燥保藏

简易冷冻真空干燥保藏法的优点是:可用生化实验室中常用的普通冷冻干燥装置代替微生物实验室中专用的冷冻真空干燥装置,并可用无菌容器封口膜覆盖的药用青霉素小瓶代替无菌熔封安瓿瓶,进行菌种的冷冻真空干燥保藏。

1.制备无菌瓶:将药用青霉素小瓶先用2%盐酸浸泡8~10 h,再用自来水冲洗3次,最后用蒸馏水洗1~2次,烘干。将印有菌名和接种日期的标签纸置于小瓶中,瓶口用无菌容器封口膜覆盖扎紧,连同小瓶的橡皮塞一起高压蒸汽灭菌,0.1 MPa灭菌20 min,备用。

2.制备无菌脱脂牛奶:制备脱脂牛奶或配制40%脱脂奶粉,在0.08 MPa灭菌20 min,并作无菌检查。

3.制备菌悬液:在培养好的新鲜菌种斜面上,加入3 mL无菌水,用接种环刮下菌苔(不要刮破培养基),轻轻搅动,制成菌悬液。

4.分装:用无菌移液管将菌悬液分装至经灭菌的青霉素小瓶中,每瓶装0.2 mL,再用无菌长滴管将经灭菌的0.2 mL脱脂牛奶加入青霉素小瓶中,振摇混匀。

5.预冻:将青霉素小瓶放入500 mL干燥瓶中,然后放入-35~-40℃低温冰箱中保存20 min,待小瓶中菌悬液冻结成固体后取出。

6.冷冻真空干燥:迅速将干燥瓶插在冷冻干燥器的抽真空插管上,抽真空冷冻干燥24~36 h,待菌体混合物呈疏松状态,稍一振动即脱离瓶壁,方可取出。

7.封存:在无菌室内将无菌容器封口膜取下,迅速换无菌橡皮塞,最后用封口膜将瓶口封住,置于-20℃低温冰箱保存。

五、注意事项

冷冻真空干燥时,应让菌体混合物充分干燥,使之呈疏松状态。

六、问题与思考

在冷冻干燥保藏法中,为什么先将菌悬液预冻,再进行真空干燥?

实验20　菌种液氮超低温冷冻保藏

液氮超低温冷冻保藏法是比较理想的一种菌种保藏方法,其主要优点是适合保藏各种微生物,特别适合保藏某些不宜用冷冻干燥保藏的微生物。此外,菌种保藏期较长,不易发生变异。该法已被国外某些菌种保藏机构作为常规保藏方法。它也已被我国许多菌种保藏机构采用。其缺点是需要液氮冰箱等特殊设备,应用受到一定限制。

一、目的要求

1.了解液氮冷冻保藏法的原理。
2.学习液氮冷冻法的操作。

二、基本原理

液氮超低温冷冻保藏法的原理是：在超低温（−130℃）条件下，生物的一切代谢停止，但生命仍在延续。将微生物细胞悬浮于含保护剂的液体培养基中，或者把带菌琼脂块直接浸没于含保护剂的液体培养基中，经预先缓慢冷冻后，再转移至液氮冰箱内，于液相（−196℃）或气相（−156℃）中保藏。

三、实验器材

1. 菌种：准备保藏的细菌、放线菌、酵母菌或霉菌。
2. 培养基：适于培养待保藏菌种的各种斜面培养基或琼脂平板。
3. 试剂：含 10%甘油的液体培养基等。
4. 器皿：安瓿管，打孔器，液氮冰箱，控速冷冻机。

四、实验内容

（一）准备安瓿管

液氮保藏所用的安瓿管必须能够经受突然温度变化而不破裂，一般采用硼硅酸盐玻璃制品，安瓿管规格一般为 75×10 mm 或能容纳 1.2 mL 液体。洗刷干净并烘干。安瓿管口塞上棉花并包上牛皮纸，高压蒸汽灭菌，0.1 MPa 灭菌 20 min，然后把安瓿管编号备用。

（二）准备冷冻保护剂

液氮保藏法一般都需要添加保护剂，通常采用终浓度为 10%（V/V）甘油或 10%（V/V）二甲亚砜作为冷冻保护剂。含甘油溶液需经高压灭菌，而含二甲亚砜溶液则采用过滤除菌。

如要保藏只能形成菌丝体而不能产生孢子的霉菌，除需制备带菌琼脂块外，还需在每个安瓿管中预先加入一定量含 10%（V/V）甘油的液体培养基（加入量以能浸没即将加入的带菌琼脂块为宜）。0.1 MPa 灭菌 20 min 备用。

（三）制备菌悬液或带菌琼脂块浸液

1. 制备菌悬液：在每支长好菌的斜面中加入 5 mL 含 10%（V/V）甘油液体培养基，制成菌悬液。并用无菌吸管吸取 0.5～1 mL 菌悬液分装于无菌安瓿管中，然后用火焰熔封安瓿管口。
2. 制备带菌琼脂块浸液：如要保藏只长菌丝体的霉菌时，可用无菌打孔器从平板上切下带菌落的琼脂块（直径 5～10 mm），置于装有含 10%（V/V）甘油液体培养基的无菌安瓿管中，用火焰熔封安瓿管口。

为了检查安瓿管口是否熔封严密，可将上述经熔封的安瓿管浸于水中，发现有水进入管内，说明管口尚未封严。

(四)慢速预冷冻处理

将菌种置于液氮冰箱保藏前,微生物需经慢速冷冻,其目的是防止细胞因快速冷冻而在细胞内形成冰晶,从而降低菌种存活率。

1. 控速冷冻:将已经封口的安瓿管置于铝盒中,然后置于一个较大金属容器中,再将此金属容器置于控速冷冻机的冷冻室内,以每分钟下降 1℃ 的速度冻结至 -30℃。

2. 普通冷冻:如实验室无控速冷冻机,可将已封口的安瓿管置于 -70℃ 冰箱中预冷冻 4 h,以代替控速冷冻处理。

(五)液氮保藏

将上述经慢速预冷冻处理的封口安瓿管迅速置于液氮冰箱中,于液相(-196℃)或气相(-156℃)中保藏。

若把安瓿管保藏在液氮冰箱的气相中,则无需除去安瓿管口棉塞,也无需熔封安瓿管口。

(六)恢复培养

如需用所保藏的菌种,可用急速解冻法融化安瓿管中结冰。从液氮冰箱中取出安瓿管,立即置于 38~40℃ 水浴中,并轻轻摇动,使管中结冰迅速融化。然后采用无菌操作打开安瓿管,并用无菌吸管将安瓿管中保藏的培养物全部转移至含有 2 mL 无菌液体培养基中,再吸取 0.1~0.2 mL 菌悬液至琼脂斜面上,进行保温培养。

五、注意事项

1. 安瓿管需绝对密封,如有漏洞,保藏期间液氮会渗入安瓿管内,从液氮冰箱取出安瓿管时,液氮会从管内逸出,由于室温高,液氮常会因急剧气化而发生爆炸。为防不测,操作人员应戴上皮手套和面罩等防护用具。

2. 皮肤接触液氮时,极易被"冷烧",操作时应特别小心。

3. 从液氮冰箱取出一支安瓿管时,为了防止其他安瓿管升温,应尽量缩短取出和放回安瓿管的时间,一般不得超过 1 min。

六、问题与思考

1. 在液氮超低温冷冻保藏法中,为什么需用含保护剂的液体培养基制备菌悬液?保护剂的作用是什么?

2. 用什么方法检查安瓿管是否熔封严密? 如管口尚未封严,将会产生什么不良后果?

3. 在液氮超低温冷冻保藏法中,为什么需采用缓慢冷冻(控速冷冻)细胞?

第八部分　微生物与物质转化

微生物是生物地球化学循环的主要推动者,经过微生物的分解作用,以有机物质形式存在的营养元素被重新转化成无机物质,由此维持生物的延续和发展。

实验 21　不含氮有机物的微生物降解

纤维素是地球上最丰富的有机物质,也是主要的不含氮有机物质。纤维素的分解对碳素循环具有重大影响。

一、目的要求

1. 了解纤维素分解的基本知识。
2. 掌握观察纤维素好氧和厌氧分解的一些基本实验技术。

二、基本原理

纤维素由 β-葡萄糖聚合而成,性质非常稳定。纤维素是光合作用的产物,约占植物组织的 50% 左右。在自然界,每年都有大量纤维素随植物残体或有机肥料进入土壤。在通气良好的土壤中,纤维素可被细菌、放线菌和霉菌分解,先形成纤维二糖、葡萄糖等中间产物,再彻底分解成 CO_2 和水。细菌中噬纤维菌科(*Cytophagaceae*)和堆囊粘菌科(*Polyangiaceae*)的一些属具有较强的纤维素分解能力。在实验室中,经常以纤维滤纸为基质,通过液体培养或固体培养来测定好氧微生物对纤维素的降解能力。

在厌氧条件下,分解纤维素的微生物主要是梭菌,如产纤维二糖芽孢梭菌(*Clostridium cellobioparum*)和嗜热纤维芽孢梭菌(*Clostridium thermocellum*),产物是有机酸、醇类以及甲烷和 CO_2 等。在实验室中,一般采用液体培养基来测定厌氧微生物对纤维素的降解。若滤纸条被分解后发生断裂或失去原有物理性状,便判定该厌氧微生物具有分解纤维素的能力。

三、实验器材

1. 样品:菜园土,水稻土。
2. 培养基:纤维素好氧分解固体培养基,纤维素厌氧分解菌培养基(配制方法见附录)。
3. 染色液:石炭酸复红染色液。
4. 仪器及相关用品:显微镜,香柏油,二甲苯(或1∶1的乙醚酒精溶液),擦镜纸。
5. 其他用品:载玻片,盖玻片,吸水纸,酒精灯,接种环,镊子,无菌培养皿,直径9 cm的无菌滤纸,尼龙纸,橡皮圈等。

四、实验程序

(一)纤维素的好氧分解

1. 制作平板:取已融化的纤维素好氧培养基(每组做一皿),倒入无菌培养皿中,制成平板。
2. 放置滤纸:用镊子取无菌滤纸1张,放入已凝固的琼脂平板上,紧贴,使滤纸表面湿润。
3. 加放土粒:用镊子取肥沃菜园土10余粒,均匀排在滤纸表面,进行接种(图21-1)。

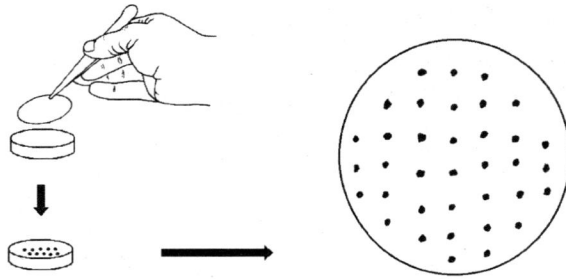

图 21-1 纤维素好氧分解试验

4. 恒温培养:放入培养箱,28～30℃条件下培养7～10 d。
5. 结果检查:先观察土粒周围有无黄色、桔黄色、棕色等色斑出现。土粒周围滤纸有无破碎变薄现象。用解剖针从带有色斑处挑取少许滤纸至载玻片上,涂片,固定,染色,在油镜下观察并绘图。

(二)纤维素的厌氧分解

1. 接种:以接种匙取水稻土少量,接种在装有滤纸条的纤维素深层培养液中,套上试管套,再用尼龙纸和橡皮筋将管口扎紧(图21-2)。
2. 培养:放在35～37℃条件下培养10～15 d。
3. 目检:取出试管,观察培养液中滤纸条有无被分解而透空的地方,如果滤纸上有空洞或滤纸边缘有破碎现象,表示厌氧纤维分解细菌已大量繁殖,否则应继续培养。
4. 镜检:用接种环从发酵液滤纸破碎处取菌液一环至载玻片上,涂片,固定,染色,在油镜下观察并绘图。

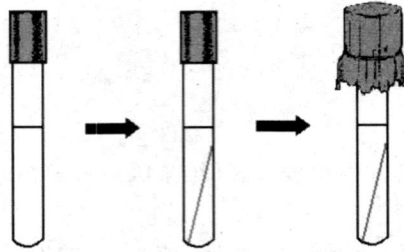

图 21-2　纤维素深层培养

五、注意事项

1. 在纤维素的好氧分解实验中，出现变色斑后，应尽早观察菌体形态。若需分离菌种，可从变色斑处取样，接种到新的滤纸培养基上。

2. 在纤维素厌氧分解实验中，必须将滤纸浸于培养基的深层。

六、问题与思考

1. 在纤维素分解试验中，为什么滤纸会变色？

2. 在纤维素培养基中，加滤纸的作用是什么？

3. 在纤维素厌氧分解实验中，厌氧条件是怎样获得的？

附　录

1. 纤维素好氧分解固体培养基

KH_2PO_4 1.0 g；$MgSO_4 \cdot 7H_2O$ 0.3 g；$FeCl_3$ 0.01 g；$CaCl_2$ 0.1 g；$NaNO_3$ 2.5 g；蒸馏水 1000 mL；琼脂 20 g；pH 7.2～7.3。

2. 纤维素厌氧分解菌培养基

$Na(NH_4)HPO_4$ 2.0 g；$MgSO_4 \cdot 7H_2O$ 0.5 g；K_2HPO_4 1.0 g；$CaCl_2 \cdot 6H_2O$ 0.3 g；蛋白胨 1.0 g；$CaCO_3$ 5 g；蒸馏水 1000 mL。将上述培养基分装于 1.8 cm×18 cm 试管中，每管 15 mL，并在深层液体中放入一条 1 cm×8 cm 滤纸。

实验 22　含氮化合物的微生物转化

在土壤和水体中，有机态氮一般占全氮量的 95% 以上。经微生物的作用，含氮有机物分解产生氨（氨化作用），氨可被氧化成硝酸盐（硝化作用），硝酸盐又可被还原成氮气（反硝化作用），由此构成氮素循环（图 22-1）。其中，氨化作用、硝化作用和反硝化作用在氮素转化中意义重大。

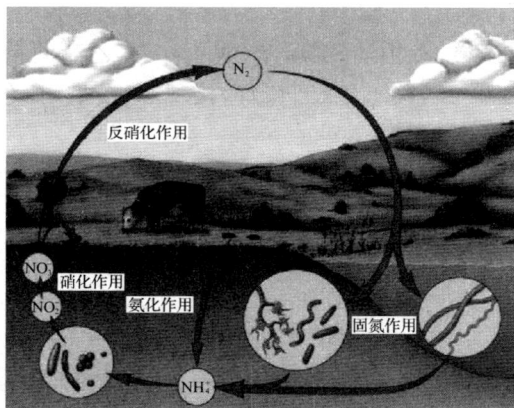

图 22-1　氮素循环

一、目的要求

1. 认识氨化细菌，并掌握用奈氏(Nessler)试剂和石蕊试纸测定氨化作用的方法。
2. 认识硝化作用和反硝化作用，掌握观察硝化作用和反硝化作用的实验方法。

二、基本原理

蛋白质是复杂的含氮有机物，在生物体中普遍存在。它可以被许多微生物(包括细菌、放线菌和真菌)分解而产生氨，称为氨化作用。在不含无机氮的牛肉膏蛋白胨培养基上，所生长的细菌大多是氨化细菌。氨化细菌分解蛋白质释放氨，可用石蕊试纸和奈氏(Nessler)试剂检测。石蕊试纸遇氨呈蓝色，奈氏(Nessler)试剂与氨反应呈棕褐色。

氨氧化成硝酸的过程，称为硝化作用。它由两类细菌分两个阶段进行，氨氧化为亚硝酸的反应由亚硝化细菌引发，而亚硝酸氧化为硝酸的反应则由硝化细菌所致。亚硝酸与格利斯试剂生成绛红色化合物，硝酸与二苯胺试剂生成蓝色化合物，因此用格利斯试剂和二苯胺试剂可以监测硝化过程。

在无氧条件下，硝酸盐可以被许多微生物还原成氮气，称为反硝化作用。大多数反硝化菌是异养型微生物，能够以有机物为电子供体，将硝酸或亚硝酸逐步还原成氮气。用格利斯试剂和二苯胺试剂可以监测反硝化过程。

三、实验器材

1. 样品：菜园土，阴沟污泥。
2. 培养基：(1)牛肉膏蛋白胨培养基，分装至 1.5 cm×15 cm 试管中，每管 5 mL，0.1 MPa 灭菌 20 min。(2)硝化培养基(配制方法见附录)，分装至 100 mL 三角瓶，每瓶装 30 mL，0.1 MPa 灭菌 20 min。(3)反硝化培养基(配制方法见附录)，分装至 1.5 cm×15 cm 试管中，每管 10 mL，加一杜氏小管，0.1 MPa 灭菌 20 min。
3. 染色液和试剂：石炭酸复红染色液，奈氏(Nessler)试剂，格利斯(Griess)试剂 Ⅰ、Ⅱ，浓硫酸,二苯胺试剂。

4.仪器及相关用品:显微镜,香柏油,二甲苯(或 1:1 的乙醚酒精溶液),擦镜纸。

5.其他用品:载玻片,盖玻片,吸水纸,酒精灯,接种环,药匙,白色比色碟,滴管,石蕊试纸(红色)等。

四、实验程序

(一)蛋白质氨化作用

1.接种:放一小匙菜园土(约 1 g)至装有牛肉膏蛋白胨培养液的试管中。

2.悬挂试纸:在试管口内壁上悬挂 1 条湿润的红色石蕊试纸(图 22-2),然后塞好棉塞。

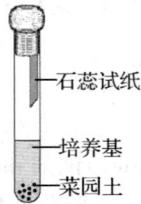

图 22-2　产氨试验

3.恒温培养:放入 28~30℃的恒温培养箱中培养 2~3 d。

4.检查结果:

(1)先观察培养管中试纸颜色有无变化,培养液是否混浊或产膜,如红色石蕊试纸变蓝,说明有氨生成;培养液混浊而产膜,说明有大量氨化细菌聚集。

(2)取培养液两滴于比色碟中,加入奈氏试剂一滴,如有棕色或棕褐色出现,也说明有氨生成。

(3)用接种环取培养液一环至载玻片上,涂片,固定,染色,在油镜下观察氨化细菌的形态并绘图。

(二)硝化作用

1.接种:取菜园土 1 g 左右,接种于盛有铵盐培养液的三角瓶中(图 22-3)。

图 22-3　加菜园土

2.恒温培养:放入 28~30℃培养 7~14 d。

3.检查结果:

(1)取培养液 2 滴于比色碟中,加格利斯试剂Ⅰ及Ⅱ各 1 滴,如出现绛红色,则证明硝化作用第一阶段正在进行,即有亚硝酸(HNO_2)产生。

(2)另取培养液 2 滴于比色碟中。先加 2 滴浓 H_2SO_4,再加二苯胺试剂 1～2 滴,观察有无蓝色出现,如有蓝色出现,说明硝化作用第二阶段也在进行,即有硝酸存在。以上结果表明硝化作用的两个阶段都在进行中。若只有红色出现,说明只有硝化作用的第一阶段存在;若只有蓝色出现,则说明硝化作用已彻底完成。

(三)反硝化作用

1.接种:取反硝化作用培养基 1 管,放入少许阴沟污泥,塞上盖子。

2.恒温培养:在 28～30℃培养一周。

3.检查结果:

(1)在培养过程中如有氮气产生,则小管中有气体聚集(图 22-4)。

(2)取培养液 2 滴于比色碟中,加格利斯试剂 I 及 II 各 1 滴,如出现绛红色则证明有反硝化作用产生的亚硝酸。

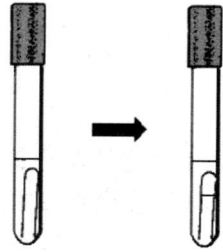

图 22-4　小管中有气体

五、注意事项

1.观察硝化作用时,应先加浓硫酸后再加二苯胺溶液。

2.观察反硝化作用时,如果加入格利斯试剂后,培养液不出现红色,则有两种可能:(1)微生物不能还原硝酸,培养液中没有亚硝酸存在。(2)硝酸被微生物还原为亚硝酸后,亚硝酸继续被还原为氮气,培养液中没有亚硝酸存在。

六、问题与思考

1.氨化作用在氮素循环中有何意义?

2.在进行硝化作用试验时,培养基为什么要装成浅层?

3.硝化细菌培养基中为什么不加有机成分? 硝化细菌从哪里取得碳素营养?

4.分装反硝化培养基时,为什么要达到试管高度的 1/3?

附　录

1.硝化培养基

$(NH_4)SO_4$ 2.0 g;K_2HPO_4 1.0 g;NaH_2PO_4 0.25 g;$MgSO_4 \cdot 7H_2O$ 0.03 g;$MnSO_4 \cdot 4H_2O$ 0.01 g;$CaCO_3$ 5.0 g;蒸馏水 1000 mL。

2.反硝化培养基

KNO_3 2.0 g;K_2HPO_4 0.5 g;$MgSO_4 \cdot 7H_2O$ 0.2 g;酒石酸钾钠 20 g;蒸馏水 1000 mL;pH 7.2。

第九部分　微生物与废水生物处理

　　废水生物处理是 20 世纪初出现的污水治理技术,发展至今,已成为世界各国处理城市生活污水和工业废水的主要手段。在废水生物处理中,微生物具有举足轻重的作用。本部分主要介绍几种活性污泥(或生物膜)中微生物种类与活性的测定方法。

实验 23　活性污泥及其生物相的观察

一、目的要求

　　1.学习观察活性污泥(或生物膜)及其生物相的方法。
　　2.初步掌握根据活性污泥(或生物膜)及其生物相,推断污水生物处理系统工作状态的技能。

二、基本原理

　　活性污泥(或生物膜)是污水生物处理系统的主体,污泥的数量、活性和沉降性直接与生物处理系统的工作效能密切相关。污泥(或生物膜)中的生物相(种类、丰度、状态)是赋予污泥活性的关键因素。污泥(或生物膜)生物相较为复杂,以细菌和原生动物为主,也有真菌和后生动物等。当水质条件或曝气池操作条件发生变化时,生物相也会随之变化。一般认为,原生动物固着型纤毛虫占优势时,污水处理系统运转正常;后生动物轮虫大量出现则意味着污泥已经老化;缓慢游动或匍匐前进的生物出现时,说明污泥正在恢复正常状态;丝状菌占据优势,甚至伸出絮体外,则是污泥膨胀的象征。发育良好的污泥具有一定形状,结构稠密,沉降性能好。因此,观察活性污泥絮体及其生物相,可初步判断生物处理系统的运转状况,有助于及时采取调控措施,保证生物处理系统稳定运行。

三、实验器材

1.样品:取自城市污水处理厂的活性污泥(或生物膜)(至少2种)。
2.染色液:石炭酸复红染色液。
3.仪器及相关用品:显微镜,香柏油,二甲苯(或1:1的乙醚酒精溶液),擦镜纸,微型动物计数板,目镜测微尺,台镜测微尺。
4.其他用品:载玻片,盖玻片,吸水纸,酒精灯,火柴,接种环,镊子,滴管。

四、实验程序

(一)制片镜检

1.样品准备

取曝气池活性污泥或生物滤池生物膜。在观察活性污泥时,若曝气池混合液中的活性污泥较少,可先沉淀浓缩;若污泥较多,可先加水稀释。在观察生物膜时,则用镊子从填料上刮取一小块生物膜样品,加蒸馏水稀释,制成菌液,其他操作与观察活性污泥相同。

2.制作样片

(1)水浸片:用滴管取制好的污泥混合液一滴,放在洁净的载玻片中央,盖上盖玻片,制成活性污泥标本。加盖玻片时,先使盖玻片的一边接触样液,然后轻轻放下,以免产生气泡,影响观察。

(2)染色片:用滴管取制好的污泥混合液一滴,放在洁净的载玻片中央,自然干燥(或在酒精灯上稍微加热干燥),固定,加石炭酸复红染色液染色1 min,水洗,用吸水纸吸干。

3.水浸片观察

(1)低倍镜观察:观察活性污泥及其生物相全貌,注意污泥絮粒大小,结构松紧程度;观察菌胶团细菌和丝状细菌的分布状况;观察微型动物的形态及其活动状况。

(2)高倍镜观察:观察活性污泥中菌胶团与污泥絮粒之间的联系;观察菌胶团细菌和丝状细菌的形态特征,注意两者之间的相对数量;观察微型动物的结构特征,注意微型动物的外形和内部结构。

4.染色片观察

(1)低倍镜观察:在视野中找到丝状细菌并移至中央。

(2)高倍镜观察:观察丝状细菌的形态特征。

(3)油镜观察:观察丝状细菌的假分支和衣鞘,菌体在衣鞘内的排列情况,菌体内的贮藏物质。

(二)污泥絮粒大小测定

1.制作样片

用滴管取制好的曝气池混合液1滴,放在洁净的载玻片中央。

2.校正目镜测微尺

按实验7的操作方法校正目镜测微尺。

3. 测定絮粒直径

随机取视野中 50 颗絮粒,用经校正的目镜测微尺测量絮粒直径。

4. 污泥絮粒分级

按平均直径,污泥絮粒可分成三个粒级:

(1)大粒污泥:絮粒平均直径＞500 μm;

(2)中粒污泥:絮粒平均直径 150～500 μm;

(3)细粒污泥:絮粒平均直径＜150 μm。

根据絮粒直径,计算三个粒级所占的比例。

(三)污泥絮粒形状和结构分析

1. 制作样片

用滴管取制好的污泥混合液一滴,放在洁净的载玻片中央。

2. 观察絮粒形状和结构

随机取视野中 50 颗絮粒,用低倍或高倍镜观察污泥絮粒的形状和结构。

3. 污泥絮粒分型

按形状和结构,污泥絮粒可分成三种类型:

(1)圆形紧密絮粒:圆形或近似圆形,菌胶团排列致密,沉降性较好;

(2)不规则疏松絮粒:形状不规则,菌胶团排列疏松,沉降性较差;

(3)无规则松散絮粒:形状无规则,絮粒边缘与悬液界限不清晰,沉降性极差。

根据观察结果,分析三种类型所占的比例。

(四)污泥絮粒中丝状细菌数量测定

1. 制作样片

用滴管取制好的污泥混合液一滴,放在洁净的载玻片中央,盖上盖玻片,制成活性污泥标本。

2. 标本镜检

随机选择视野,用低倍、高倍和油镜观察污泥絮粒中的丝状细菌数量。

3. 丝状细菌数量分级

按活性污泥中丝状细菌与菌胶团细菌的比例,将丝状细菌分成五个等级:

(1)0级:污泥絮粒中几乎看不到丝状细菌;

(2)±级:污泥絮粒中可见少量丝状细菌;

(3)＋级:污泥絮粒中存在一定数量的丝状细菌,但总量少于菌胶团细菌;

(4)＋＋级:污泥絮粒中存在大量丝状细菌,总量与菌胶团细菌大致相等;

(5)＋＋＋级:污泥絮粒以丝状细菌为骨架,数量超过菌胶团细菌。

根据观察结果,判断样品所属的丝状细菌数量等级。

(五)微型动物计数

1. 取样

用洁净滴管,取一滴(1/20 mL)污泥混合液到计数板中央的方格内,加上一块洁净的大号盖玻片,使其四周正好搁在计数板凸起的边框上(如图 23-1)。

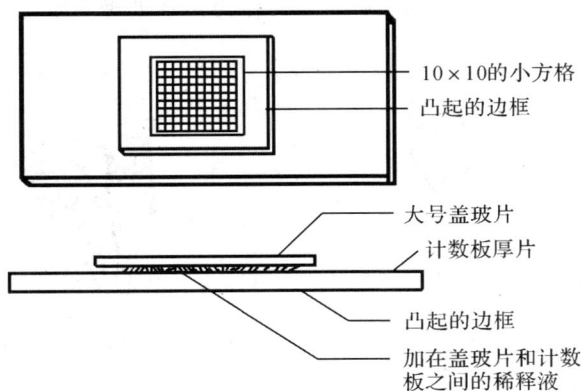

图 23-1　微型动物计数板

2.计数

所加的污泥混合液不一定布满 100 个小方格,用低倍镜进行计数时,只要计数存在污泥混合液的小方格。遇到群体,则须将群体中的个体逐个计数。

3.计算

假设在稀释一倍的一滴污泥混合液中,测得钟虫 50 只,则每毫升活性污泥混合液含钟虫数为:$50 \times 20 \times 2 = 2000$(只)。

五、注意事项

1.在观察污泥絮粒的形态和大小时,可先加水稀释或用水洗涤,否则絮粒粘连在一起,不易测定。

2.在观察污泥絮粒中的丝状细菌数量时,应注意它们与菌胶团细菌的相对比例。

六、问题与思考

根据观察情况,评价污水生物处理装置中活性污泥质量及其运行情况。

七、附　录

(一)活性污泥中常见的原生动物

1.活性污泥生长良好时出现的原生动物

活性污泥生长良好时,呈浓褐色,有压密性,大小在 $500 \sim 800 \ \mu m$ 范围,污泥絮体之间不存在细碎的小絮体。

在曝气池中,原生动物以纤毛虫居多数,其中又以有柄固着型纤毛虫[如钟虫(*Vorticella*,图 23-2)、累枝虫(*Epistylis*,图 23-3)、盖虫(*Opercularia*,图 23-4)、独缩虫(*Carchesium*,图 23-4)和聚缩虫(*Zoothamnium*,图 23-4)]占首位。在这些固着型纤毛虫中,钟虫出现频率较高,数量较大,它们在生物群落演替中呈现较强的规律性。因此,常以钟虫[如钟形钟虫(*Vorticella* canpanula)和小口钟虫(*Vorticella microstoma*)]作为污水处理系统工作效能的指标生物。

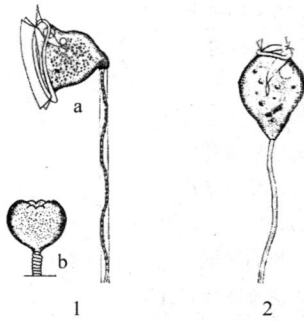

图 23-2　钟虫

1.钟形钟虫,a.伸展的个体,b.收缩的个体;2.小口钟虫

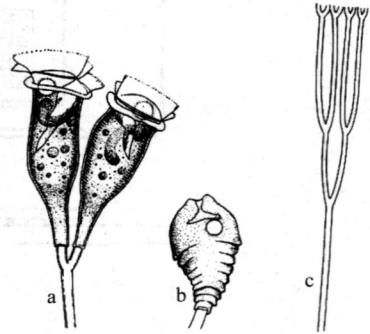

图 23-3　累枝虫

a.个体伸展状态;b.个体收缩状态;c.柄分枝

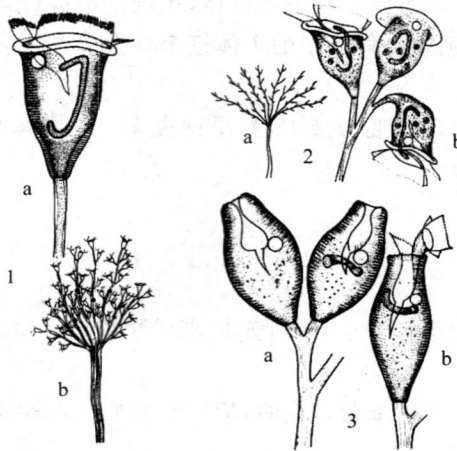

图 23-4　聚缩虫、独缩虫和盖虫

1.树状聚缩虫(*Zoothamnium arbuscula*);a.个体;b.群体,示柄的分枝
2.螅状独缩虫(*Carchesium polypinum*);a.群体,示柄的分枝;b.群体的一部分
3.彩盖虫(*Opercularia phryganeae*);a.个体收缩状态;b.个体伸展状态

　　固着型纤毛虫的生态习性是:以体柄分泌的黏液固着在污泥絮体上,以水中分散的游离细菌作为主要食料。在活性污泥中观察到固着型纤毛虫,说明活性污泥絮体结构稳固,能够为这些原生动物的固着提供支撑。与游泳型纤毛虫相比,固着型纤毛虫因固着生长而耗能较少,能够生活在游离细菌含量较低的水体中,见到固着型纤毛虫还说明曝气池中的水质较好。此外,根据钟虫的生活状态还可以推断曝气池的工况。镜检可以发现,当环境条件适宜时,钟虫纤毛摆动较快,食物泡数量较多,个体较大。若环境缺氧,钟虫顶端会长出气泡。如果环境条件不适,钟虫会脱去尾柄,虫体变成圆柱体,并越变越长,直至死亡。在恶劣的环境条件下,钟虫还能改变生殖方式,由无性裂殖变为接合生殖,甚至形成孢囊。

　　2.活性污泥恶化时出现的原生动物

　　活性污泥恶化多发生于有机负荷增高、溶解氧含量降低的场合。此时,曝气池内存在大量有机污染物,细菌快速生长并呈游离状态。污泥恶化的主要标志是颗粒细碎,直径降至 $100\,\mu m$

左右。

　　滴虫(*Monas*)、屋滴虫(*Oikomonas*,图 23-5)和波豆虫(*Bodo*,图 23-5)个体较小,虫体长只有 $10\sim20~\mu m$。这几种原生动物以细菌为主要食料,兼行植物性腐生营养,从生态习性上看,适宜 α-中污性和多污性水域。当曝气池负荷高、供氧不足时,有机物呈腐败状态,可经常观察到这几种原生动物。在有机物浓度很低,污泥解体,但污泥絮体碎块周围聚集大量处于内源呼吸状态的细菌时,也会出现滴虫属。

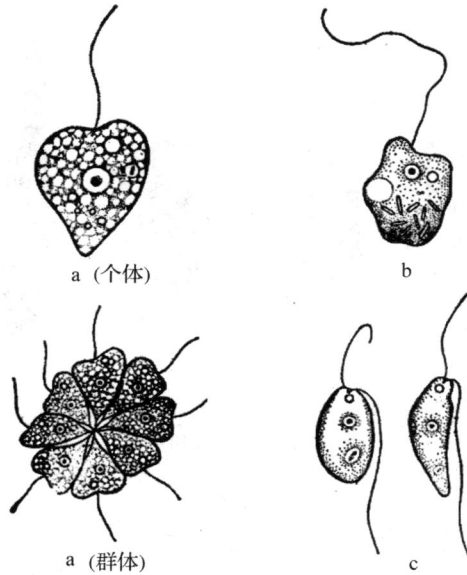

图 23-5　屋滴虫和波豆虫
a.b.屋滴虫;c.尾波豆虫

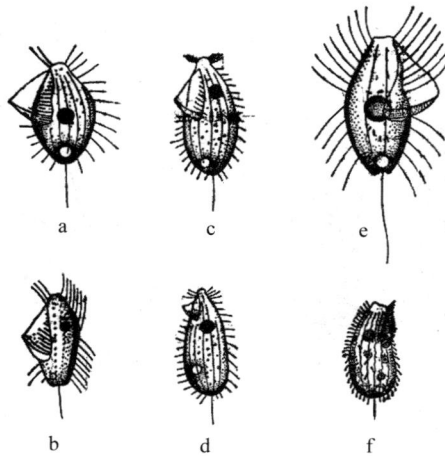

图 23-6　膜袋虫和尾丝虫
a.b.c.d.e.瓜形膜袋虫;f.尾丝虫

　　膜袋虫(*Cyclidium*,图 23-6)和尾丝虫(*Uronema*,图 23-7)的个体也小,虫体长 $25\sim50~\mu m$,以分散细菌为食,适宜生活于 β-中污性或 α-中污性水域,也能适应多污性水域,并可存活于寡污性水域。在曝气池内,这两种原生动物多出现于高负荷的情况下,且多与波豆虫和屋滴虫同时出现,膜袋虫的出现频率高于尾丝虫。

肾形虫(*Colpoda*,图 23-7)和豆形虫(*Colpidium*,图 23-7)的个体稍大,虫体长 30～150 μm,生态习性适宜多污性水域,也可出现于 β-中污性或 α-中污性水域,在寡污性水域中较少见。在曝气池内,当污泥负荷达 0.6～0.7 kg BOD/kg VS·d 时,肾形虫和豆形虫常常出现,肾形虫多与波豆虫和滴虫相伴出现,存在时段较短,对环境条件的改变反应敏感。豆形虫适宜生活于 pH 较高的水域,在氨氮较高的环境中容易见到。

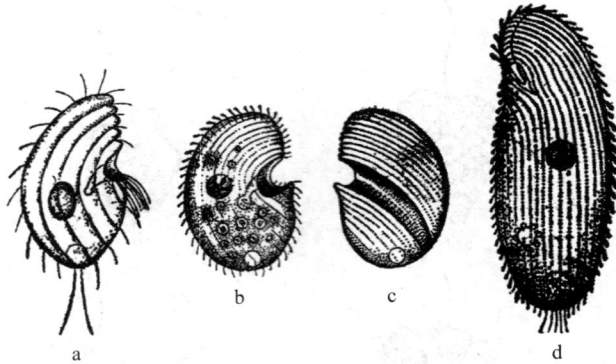

图 23-7　肾形虫和豆形虫

a.b.c.肾形虫；d.豆形虫

草履虫(*Paramecium*,图 23-8)个体较大,虫体长 300 μm 左右,其生态习性适宜 β-中污性或 α-中污性水域,在多污性和寡污性水域也能出现。在曝气池中,草履虫多出现于从负荷高、水质差逐渐向正常状态过渡的时期,持续时间较短。曝气池处理效率较高,水质较好时,草履虫极少出现。

3.活性污泥解体时出现的原生动物

活性污泥解体的程度相差较大,从完全没有压密性到还有部分压密性,它们的共同特征是絮体之间存在大量碎块。

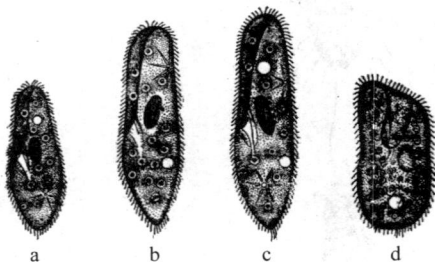

图 23-8　草履虫

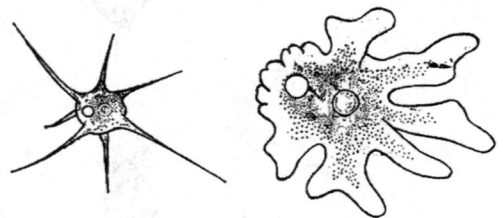

图 23-9　变形虫

变形虫(*Amoeba*,图 23-9)有小型和大型两种,小型变形虫体长小于 50 μm,大型变形虫体长大于 50 μm。变形虫多以细菌、单细胞藻类和小型鞭毛虫为食料,在生态习性上适宜 β-中污性水域。在曝气池中,变形虫通常在污泥絮体周边匍匐爬行,当活性污泥解体时,变形虫急剧增殖,导致污泥更加分散而失去压密性。

（二）活性污泥中常见的后生动物

1.轮虫

轮虫（*Rotaria*，图23-10）和旋轮虫（*Philodina*，图23-10）是后生动物。个体远大于一般的原生动物，体长为$350\sim1460\ \mu m$，它们以破碎的有机质为主要食料。在曝气池内以吞噬污泥碎片为主，也可吞噬菌胶团和丝状菌等较大的活体。在曝气池运行正常、处理效果良好、水中有机物含量低、老化污泥陆续解体时，轮虫因食物丰富而大量繁殖。

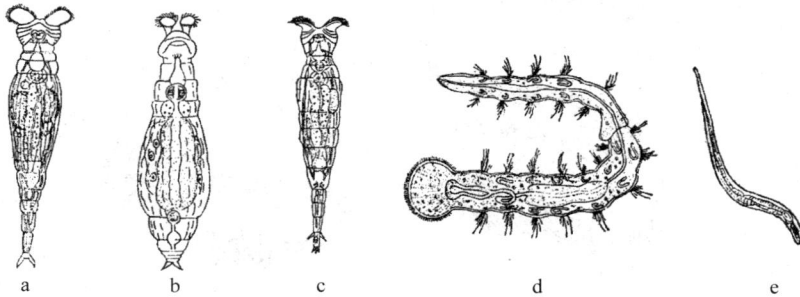

图23-10　轮虫、颚体虫和线虫
a.b.c.轮虫；d.颚体虫；e.线虫

2.颚体虫

颚体虫（*Aeolosoma*，图23-10）个体较大，体长最长可达$10000\ \mu m$，多数体长为$1000\sim3000$ μm。颚体虫是典型的杂食性生物，主要摄食污泥中的有机碎片和细菌，也能吞食微小的原生动物和轮虫等微型动物。在活性污泥系统中，颚体虫多出现在负荷低、曝气量少的场合，它特别喜欢在沉淀污泥中徘徊，依靠口前叶两侧的纤毛运动，将污泥送入口中。当沉淀污泥呈厌氧状态时，颚体虫可上浮到溶解氧较高的表面。

3.线虫

线虫（*Nematoda*，图23-10）也是一种较大的微型动物，体长$500\sim3000\ \mu m$。

线虫消化器适于吞咽大块和硬块食料。它具有适宜在污泥碎屑中钻进钻出的体形。在曝气池中，线虫主要出现于有较多污泥堆积的部位，与曝气池负荷以及水质没有直接的关系。

（三）活性污泥中常见的丝状菌

1.球衣细菌

球衣细菌（图23-11）是导致活性污泥丝状菌性膨胀的主要诱发细菌。具有衣鞘是球衣细菌的典型特征。许多细胞由衣鞘覆盖而形成丝状体。衣鞘柔软可弯曲成很小的角度而不折裂，衣鞘具有黏性，可彼此粘连而形成假分枝。当培养物老化时，细菌可从衣鞘内游出，使丝状体内出现空缺，甚至形成空鞘；从衣鞘中游出的菌体可粘附在丝状体上；其细胞内含有许多不能着色的聚β-羟基丁酸颗粒（图23-12）。

2.贝氏硫细菌

贝氏硫细菌（图23-13）也是导致活性污泥丝状菌性膨胀的主要诱发细菌。它是较长的丝状体，长度可达$1\ cm$，宽度均匀，上下没区别。丝状体分散不相连，也不固着于介质上。菌体外面无衣鞘，细胞排列紧密。丝状体能匍匐滑行，滑行时菌体扭曲，穿插匍行于污泥之中。能氧化硫化物并在体内积累硫粒。

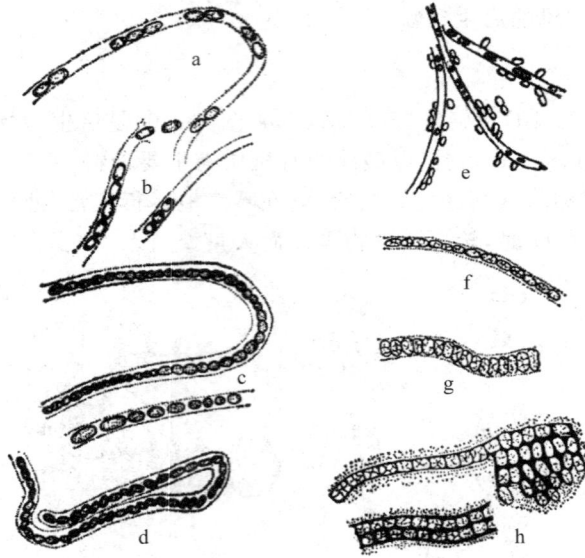

图 23-11　球衣细菌的形态图示

a.丝状体内出现菌体空缺；b.菌体从衣鞘中游出，形成空鞘；c.d.旺盛生长时，不发生菌体异常和排列紊乱；e.从衣鞘中游出的菌体粘附在丝状体上，衣鞘彼此粘连形成假分枝；f.g.h.旺盛生长时，菌体内充满不能着色的颗粒

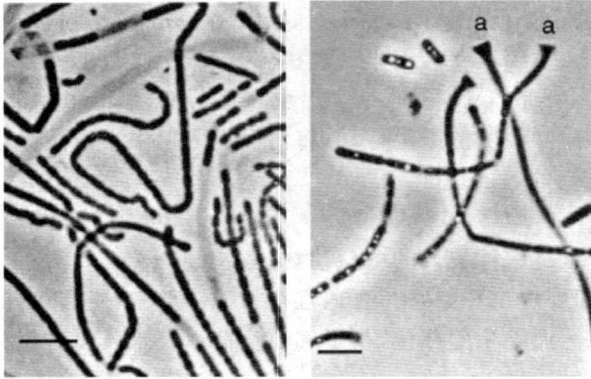

图 23-12　浮游球衣细菌

左:空衣鞘和细胞链;右:附着器(a)和聚 β-羟基丁酸颗粒

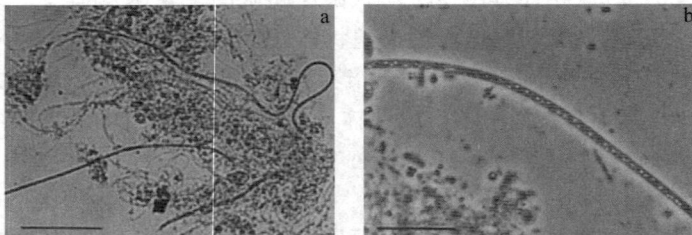

图 23-13　贝氏硫细菌

a.丝状体；b.硫粒

3.发硫细菌

发硫细菌(图 23-14)与贝氏硫细菌类似。其丝状体的顶端和基部出现分化,基部有吸盘,可使菌丝体固着在介质上。细菌细胞排列成链,菌体外面包裹很薄的衣鞘。在曝气池中,该菌有时附着在一些较粗硬的纤维上,菌丝体左右平行伸展,呈羽毛状;有时在活性污泥内向四周呈放射状伸展;有时菌丝体集结在一起,自成中心,再向四周伸展形成玫瑰饰。这是发硫细菌的生长特征,易于辨认。

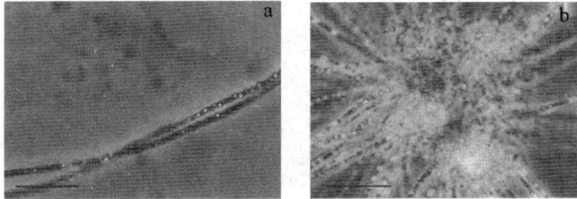

图 23-14　发硫细菌
a.硫粒；b.玫瑰饰和硫粒

实验 24　活性污泥代谢活性测定

一、目的要求

1.学习好氧活性污泥代谢活性测定的方法。
2.掌握瓦勃氏呼吸仪的使用技能。

二、基本原理

在很大程度上,一个污水生物处理系统的效能取决于反应器内的污泥数量和污泥活性。测定污泥活性对于反应器的设计和运行具有重要的指导意义。在有机物的好氧生物降解中,微生物需要消耗氧气。测定单位时间内活性污泥的耗氧量,可在一定程度上反映活性污泥的代谢活性。

瓦勃氏呼吸仪是一种定容呼吸测定计。在一个定容的密闭系统(包括反应瓶和测压计)内,气体数量的任何改变都表现为压力改变,可由测压计测得。由于微生物在呼吸作用中既消耗氧气又释放二氧化碳,因此测压计上显示的压力改变是两者的净结果。如果在此密闭系统中事先加入碱(如氢氧化钾)吸收二氧化碳,则测压计上显示的压力改变便是耗氧结果。

三、实验器材

1.试验样品

(1)模拟污水:COD 浓度约 400 mg/L。

（2）活性污泥：从城市污水处理厂曝气池取样，将 100 mL 混合液放入量筒，自然沉降 30 min 后弃上清液，用生理盐水洗涤 3 次，最后将污泥悬浮于磷酸盐缓冲液中，稀释至原体积（100 mL），备用。

2．仪器及相关用品

瓦勃氏呼吸仪，天平，烘箱，马福炉，量筒，烧杯，吸管，坩锅，镊子等。

3．试剂

磷酸缓冲液（pH7.2），10％KOH，Brodie 指示液。

四、实验程序

（一）污泥浓度测定

1．取一定量活性污泥混合液于坩锅中，置高温水浴内蒸干，再放入 105℃ 左右的烘箱内烘至恒重，测定污泥悬浮固体（MLSS）含量。

2．将烘干品放入马福炉，在 550℃ 下灰化 1 h，测定污泥挥发性悬浮固体（MLVSS）含量。

（二）耗氧量测定

1．调节反应温度：在瓦勃氏呼吸仪的恒温水槽内，加入一定量的自来水，使水面距上缘约 6～8 cm。开启加热开关，将水浴调控至所需的温度（一般为 25℃）。

2．试验振荡装置：开启振荡开关，试验瓦勃氏呼吸仪的振荡装置是否正常。试毕关闭振荡开关。

3．添加吸收液：取 6 只已知体积的反应瓶。按表 24-1，在 4 只反应瓶的中央井中加入 10％ KOH 溶液 0.2 mL，并取一片长约 2 cm 的滤纸，卷成筒状，用镊子插入中央井内，以增加 KOH 对 CO_2 的吸收面积。另 2 只反应瓶中央井不加吸收液。

4．添加缓冲液：按表 24-1，在各反应瓶主杯内（非中央井内）加入缓冲液。

表 24-1　污泥活性试验组合

试验组	瓶号	主杯	侧杯	中心杯	
		污泥混合液（mL）	缓冲液（mL）	基质（mL）	10％KOH（mL）
温压校正组	1		2.2		
	2		2.2		
内源呼吸组	3	1	1.0		0.2
	4	1	1.0		0.2
基质呼吸组	5	1	0.5	0.5	0.2
	6	1	0.5	0.5	0.2

5．添加样品：按表 24-1，在 4 只加好吸收液和缓冲液的反应瓶主杯内，加入活性污泥样品 1 mL，并在其中 2 只侧杯内加入废水样品 0.5 mL。关好侧杯阀。

6．组装和调整反应系统：将 6 只反应瓶连接在相应的测压管上，用橡皮筋扎紧后一起固定在恒温水浴槽支架上。打开放空阀，调节测压管内指标液至 250 mm 处。开启振荡开关，让反应瓶在水浴中稳定 10 min。10 min 后关闭振荡开关，再次调节测压管内指标液至 250 mm 处。关闭放空阀。取出加样反应瓶，将侧杯内的废水样品小心倾入反应瓶主杯中。放回加样反应瓶，重新固定在恒温水浴槽支架上。开启振荡开关并开始计算反应时间。

7.记录耗氧数据：根据实验方案，每隔 10 min 停止振荡，记录瓦勃氏呼吸仪测压管指示液液面的读数，填入表 24-2。

表 24-2　污泥活性试验记录

试验组	瓶号	测压管液面读数(mm)							备注
		0min	10min	20min	30min	40min	50min	60min	
温压校正组	1								
	2								
内源呼吸组	3								
	4								
基质呼吸组	5								
	6								

（三）污泥活性计算

1.耗氧量

各反应瓶的耗氧量可由式 24-1 计算，即：

$$V_{O_2} = h\left[\frac{(V_g - V_f)\frac{273}{T} + V_f a}{P_0}\right] \tag{24-1}$$

式中：V_{O_2} 为标准状态(0℃,1atm)下反应瓶的耗氧量(mL)；h 为测压管指示液液面的变化值(mm)；V_g 为反应系统的气体体积(mL)(需在试验前测出)；V_f 为反应瓶内的液体体积(mL)；T 为温度(℃)，数值等于 273℃加上水浴温度；a 为在实验温度下，某一气体在反应液中的溶解度(氧气在水中的溶解度见表 24-3)；P_0 为测压管指示液的标准压力(mm)，一般采用 P $=1000$ mm 的指示液。

表 24-3　氧的溶解度

(在 1atm 即 1.01×10^5 Pa 下,1mL 水中溶解氧气的体积)

温度(℃)	a_{O_2}(mL)	温度(℃)	a_{O_2}(mL)
10	0.0379	30	0.0261
15	0.0344	35	0.0244
20	0.0309	37	0.0234
25	0.0284	40	0.0231

2.污泥活性

活性污泥的耗氧活性可由式 24-2 计算，即：

$$\nu_{O_2} = \frac{V_{O_2} \times \gamma \times 60 \times 1000}{\Delta t \times V_f \times X} \tag{24-2}$$

式中：ν_{O_2} 为污泥活性，即单位时间内单位混合液污泥所消耗的氧质量数(g/gVS·h)；V_{O_2} 为反应瓶的耗氧量(mL)；γ 为在试验温度下氧气的容重(g/mL)；60 为时间由小时转化成分的系数；1000 为反应瓶内液体体积由 mL 转化成 L 的系数；Δt 为反应时间(min)；V_f 为反应瓶内的液体体积(mL)；X 为污泥混合液挥发性悬浮固体浓度(g MLVSS/L)。

五、注意事项

1. 测定过程中,反应系统应与外界隔绝,各连接口均应密封。
2. 测定前,让反应瓶全部浸在恒温水槽中,使反应瓶内外液温平衡。

六、问题与思考

1. 采用瓦勃氏呼吸仪测定污泥耗氧量时,为什么要加入碱吸收二氧化碳?
2. 如果氧不是限制性基质,测定耗氧量能反映污泥活性吗?

附 录

1. 瓦勃氏呼吸仪

瓦勃氏呼吸器主要由玻璃反应瓶以及与之相连的 U 形测压管组成(图 24-1),并配有恒温水浴槽、搅拌器和振荡机。

恒温水槽由电加热,自动调控。搅拌器保持水温均匀(水温变化小于±0.1℃)。振荡机摇动反应瓶,促进混合。

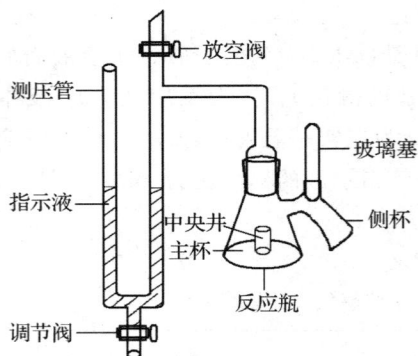

图 24-1 瓦勃氏呼吸仪

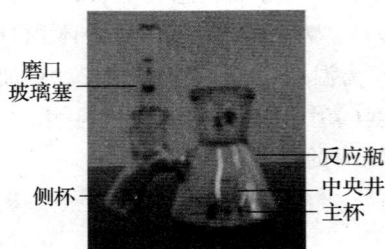

图 24-2 反应瓶

反应瓶(图 24-2)是一个锥形玻璃瓶,内部底上设有中央井,中央井四周为主杯;旁边设有侧杯,杯口配有磨口玻璃塞。

测压管两臂标有以 mm 为单位的刻度。测压管的一臂与大气相通,称为开臂;另一臂与反应瓶相连,关闭上端的三通活塞可使此臂与外界隔绝,称为闭臂。U 形测压管底部与指示液囊相连,可以调节测压管内的指示液的液面高度。

2. 指标液

指标液采用 Brodie 溶液,其配方为:蒸馏水 500 mL,NaCl 32 g,牛胆酸钠 5 g,伊文氏蓝或酸性品红等染料 0.1 g。Brodie 溶液的相对密度为 1.033。若相对密度偏高或偏低,可用水或 NaCl 调节。另加麝香草酚酒精溶液数滴防腐。

实验 25　厌氧活性污泥代谢活性测定

一、目的要求

1. 了解厌氧活性污泥代谢活性测定的原理和用途。
2. 学习和掌握厌氧活性污泥代谢活性测定的方法。

二、基本原理

在厌氧生物降解过程中,有机物质经过多种细菌的协同代谢,最终被转化成甲烷(CH_4),测定厌氧活性污泥的最大比产甲烷速率 ν_{maxCH_4}(单位时间内单位质量污泥降解可溶性基质所产生的最大甲烷量,$mLCH_4/gVSS \cdot d$),可以表征厌氧活性污泥的代谢活性,并采用间歇试验法获得这个参数。

根据 Monod 方程,基质降解速率为:

$$\frac{dS}{dt} = -\nu_{maxCOD} \frac{SX}{K_s + S} \tag{25-1}$$

式中,S 为基质浓度(g/L);t 为时间(d);ν_{maxCOD} 为基质的最大比降解速率(d^{-1});X 为厌氧活性污泥浓度($g\ VSS/L$);K_s 为饱和常数(g/L)。

在有机物的厌氧生物降解过程中,净污泥产率很小($0.04 \sim 0.08\ gVSS/gCOD$),当厌氧活性污泥浓度 X 较高时,短时间内的污泥增量 ΔX 远远小于 X,因此可将 X 近似视为恒量。在此条件下,产甲烷速率与基质降解速率成正比:

$$\frac{dV_{CH_4}}{dt} = -Y_g V_R \frac{dS}{dt} \tag{25-2}$$

式中,V_{CH_4} 为间歇试验中累积产甲烷量(mL);Y_g 为基质产生甲烷的转化系数($mL\ CH_4/g\ COD$);V_R 为反应区容积(L)。由式(25-1)和(25-2)得:

$$\frac{dV_{CH_4}}{dt} = Y_g V_R \frac{\nu_{maxCOD} SX}{K_s + S} \tag{25-3}$$

若反应初期基质浓度较高,S 远大于 K_s,则式 25-3 可简化为:

$$\frac{dV_{CH_4}}{dt} = Y_g V_R \nu_{maxCOD} X \tag{25-4}$$

由于 $\nu_{maxCH_4} = Y_g \nu_{maxCOD}$,代入式 25-4 可得:

$$\frac{1}{V_R X} \frac{dV_{CH_4}}{dt} = \nu_{maxCH_4} \tag{25-5}$$

式中:V_R 为反应区内的污泥总量,式 25-5 左边表示厌氧活性污泥的比产甲烷速率。由式 25-5 可知,在间歇反应初期的某个时段,反应呈零级反应,厌氧活性污泥的比产甲烷速率为常数,即厌氧活性污泥的最大比产甲烷速率。

三、实验器材

1. 试验装置

测定 ν_{maxCH_4} 的间歇试验装置见图 25-1。用容积为 100 mL 的三角烧瓶作为培养瓶,培养瓶的胶塞中心插有一根细玻璃管,玻璃管与乳胶管(内径 4 mm)相连,有机质转化产生的沼气经乳胶管进入 25 mL 刻度史氏发酵管计量。乳胶管的另一端与内径为 1 mm 的细玻璃管相连,借以控制进入史氏发酵管的气泡大小。史氏管盛有 1.5%NaOH 溶液作为水封和 CO_2 吸收剂,气体内的 CO_2 和 H_2S 被完全吸收,测得的气体体积即为产生的甲烷量。

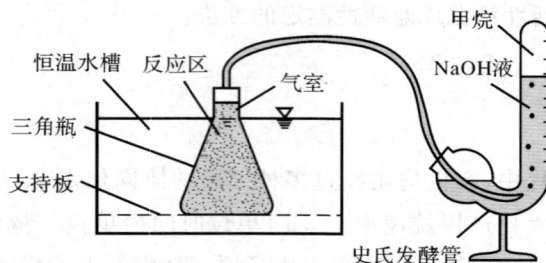

图 25-1　测定 ν_{maxCH_4} 的间歇试验装置

2. 基质

试验所用的模拟污水 COD 浓度约 3000~4000 mg/L,初始 pH7.0,为避免溶解氧对污泥活性的影响,配制基质培养液的稀释水应事先煮沸去氧,并往培养液中加入一定量 Na_2S(最终浓度 50~100 mg/L)以降低氧化还原电位。

3. 活性污泥

取实验室或城市污水处理厂的厌氧活性污泥作为接种污泥,培养瓶内混合液的污泥浓度为 10gVSS/L 左右。

四、实验程序

1. 测定接种污泥浓度 X。

2. 在培养瓶中定量加入接种污泥和基质,并按图 25-1 组装试验装置。

3. 在恒温水浴锅内灌装一定量的自来水(水面距上缘 6~8 cm),并将水浴调控至所需温度。

4. 试验期间,每隔 1~2 h 摇动培养瓶一次,使基质与污泥充分接触。

5. 定时记录累积甲烷产量,绘制如图 25-2 所示的累积甲烷产量曲线。

6. 计算最大比产甲烷速率 ν_{maxCH_4}

(1)确定初始数据点:由于试验初期装置气室内存在少量空气,测得的甲烷产量偏高,因此需要确定累积甲烷产量的初始数据点,以该点之后的

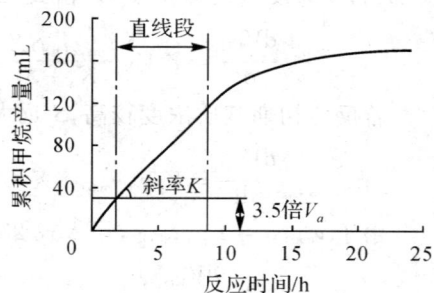

图 25-2　累积甲烷产量曲线

数据来计算 ν_{maxCH_4}。反应初期进入史氏管的空气体积分数可用下式表示：
$$\eta_a = \exp[-V_g(t)/V_a] \tag{25-6}$$

式中，$V_g(t)$ 为从反应开始到 t 时刻的累积产气量（mL）；V_a 为培养瓶的气室容积（mL）。根据式 25-6 计算，当 $V_g(t)/V_a$ 增至 3.5 时，η_a 为 0.03。这意味着当累积产气量达到气室容积的 3.5 倍时，进入史氏管的空气含量仅为 3%，因而可用 3.5 倍于气室容积的累积产气量（$V_{CH_4} = 3.5V_a$）作为临界值，确定初始数据点。

（2）计算 ν_{maxCH_4}：反应初期，累积甲烷产量的增加速率相对稳定，反应呈零级，在绘制的累积甲烷产量曲线（图 25-2）上，累积甲烷产量与反应时间之间呈线性关系。经过一段时间后，基质浓度下降，反应不再呈零级，累积甲烷产量与反应时间之间的关系偏离线性。在初始数据点以后呈线性关系的范围内，可通过一元线性回归求出 $V_{CH_4} \sim t$ 曲线的斜率 K。根据测得的 K 值和平均污泥浓度 X 值，便可计算值 ν_{maxCH_4}。在实际试验中，还需考虑温度对气体体积的影响，故 ν_{maxCH_4} 计算式为：
$$\nu_{maxCH_4} = \frac{24K}{V_R X} \cdot \frac{273}{273+t} \tag{25-7}$$

式中：K 为累积甲烷产量曲线中直线段的斜率；t 为试验温度（C）。

五、注意事项

1. 试验过程中，应注意反应装置的密封，防止气体泄漏。
2. 测定时，保持培养瓶和史氏管的温度恒定。
3. 选取初始数据点以后累积甲烷产量曲线中的直线段计算 K 值。

六、问题与思考

1. 测定甲烷体积时，为什么要在史氏管内加入碱液？
2. 初始 COD 浓度对初始数据点后的直线段长度有什么影响？

第十部分 活性污泥中微生物多样性分析

在自然界或人工生境(如废水处理系统)中,微生物主要以群落的形态存在。微生物的生态功能与它们的群落结构(种类和数量)密切相关。对活性污泥中微生物多样性进行分析,有助于搞清活性污泥内的微生物种类及其丰度,从而了解活性污泥中微生物群落的功能。

由图 26-1 可知,活性污泥中微生物多样性分析可分为四大步骤:(1)提取微生物总 DNA;(2)PCR 扩增总 DNA 中的 16S rDNA;(3)DGGE 与微生物多样性分析;(4)割胶测序与建立系统发育树,比较不同样品间的微生物种群关系。其中,每个步骤都可构成一个独立的实验。

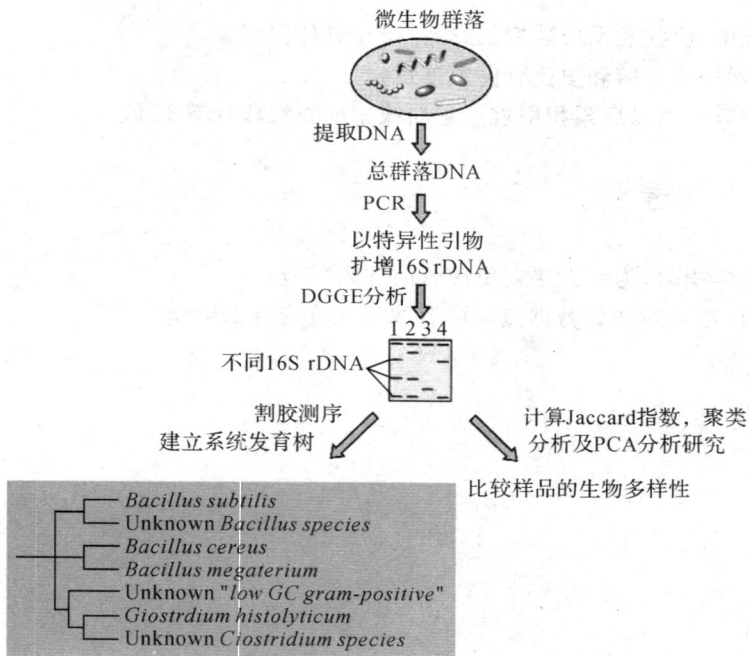

图 26-1 微生物多样性分析

实验 26　活性污泥中微生物总 DNA 的提取

一、目的要求

1. 熟悉从活性污泥样品中分离提取微生物总 DNA 的原理。
2. 掌握从活性污泥中提取微生物总 DNA 的方法。

二、基本原理

从样品中提取微生物总 DNA,用特异性引物对 16S rDNA 进行 PCR 扩增,再采用 DGGE (denaturing gradient gel electrophoresis)技术分离扩增产物,通过测定 16S rDNA 序列可以建立系统发育树,从中了解活性污泥内微生物的种群组成和生物多样性。

由于污泥样品中存在许多干扰物质,如腐殖酸、类腐殖酸化合物、重金属等等,它们会严重干扰 DNA 的提取效率以及 DNA 的纯度。从活性污泥提取微生物总 DNA,一般包括裂解细胞、抽提核酸和纯化核酸三个阶段。首先,采用物理的(剧烈震荡)、化学的(SDS)以及生物的(溶菌酶)方法,使微生物细胞破碎,释放胞内的 DNA。然后,采用乙酸钾对 DNA 进行沉淀,得到核酸初提液。由于核酸初提液中含有较多的腐殖酸等杂质,因此需要采取氯化铯密度梯度离心法纯化 DNA,以得到纯度较高的 DNA 样品。

三、实验器材

1. 样品:活性污泥。
2. 器皿:核酸电泳系统,凝胶成像分析系统,离心机,移液枪,恒温水浴锅,涡旋振荡器。
3. 试剂:0.1 mol/L 磷酸钠缓冲液(pH8.0),溶菌酶,20%SDS,70%乙醇,TE 缓冲液,氯化铯,异丙醇,8mol/L 乙酸钾溶液,DNA 分子量标准,1.0%琼脂糖,核酸上样缓冲液。
4. 其他用品:细玻璃珠,各种规格的枪头。

四、实验程序

1. 取 5 g 活性污泥,加 5 mL 0.1 mol/L pH8.0 磷酸钠缓冲液,加细玻璃珠,于室温下剧烈震荡 10 min。
2. 加溶菌酶 25 mg,使终浓度为 2.5 mg/mL,震荡 5 min,37 ℃水浴 30 min。
3. 加 600 μL 20%SDS 轻柔振荡 15 min,6000 r/min 离心 10 min。
4. 取上清液分装,每个 1.5 mL Eppendorf 管装 1.0 mL,然后加 0.2 倍体积冰冷的 8 mol/L乙酸钾,颠倒混匀 1 min,12000 r/min 离心 10 min。
5. 吸取上清液移至新的 Eppendorf 管中,加 0.6 倍体积预冷的异丙醇,颠倒混匀 1 min,室温放置 10 min,12000 r/min 离心 10 min。

6. 弃上清液,加 1mL 70%乙醇洗涤 DNA 沉淀,12000 r/min 离心 2 min,弃乙醇后于 37℃ 干燥 10 min。

7. 每管加 200 μL TE 缓冲液重新悬浮样品,并将它们合并为 1 管(总体积约 1mL),加氯化铯(使终浓度为 1 g/L),混匀,室温下静置 2 h,14000 r/min 离心 30 min。

8. 取上清液,加 4.0 mL 去离子水,加 0.6 倍体积冰冷的异丙醇,颠倒混匀,室温下静置 10 min,12000 r/min 离心 10 min。

9. 弃上清液,将沉淀定容于 1000 μL TE 缓冲液中,加入 0.2 倍体积 8 mol/L 乙酸钾溶液,混匀,室温放置 5 min,12000 r/min 离心 10 min。

10. 吸取上清液移至新的 Eppendorf 管中,加 0.6 倍体积冰冷的异丙醇,颠倒混匀,室温下放置 10 min,12000 r/min 离心 10 min。

11. 弃上清液,用 1.0 mL 70%乙醇清洗 DNA 沉淀,12000 r/min 离心 10 min,干燥,定容于 200 μL TE 缓冲液中。

12. 吸取 5 μL DNA 溶液,在 1.0%(w/V)琼脂糖凝胶上电泳,检测 DNA 提取效果。DNA 电泳时,加上 DNA 分子量标记作为判断 DNA 大小的标准。

五、注意事项

1. 由于实验操作步骤较多,除第一和第二步以外,其余步骤都应轻柔操作,避免机械作用对 DNA 的过度剪切。

2. 弃上清液时应小心轻柔,避免 DNA 随液体流失。

3. 在加乙醇清洗样品时,应让枪头贴着管壁加入,使乙醇缓慢流入管底,避免 DNA 损失。

六、问题与思考

1. 影响样品微生物总 DNA 提取效率的因素有哪些?

2. 怎样从活性污泥样品中获得高纯度的微生物总 DNA?

实验 27 微生物总 DNA 中 16S rDNA 的 PCR 扩增

一、目的要求

1. 了解以通用引物进行 16S rDNA PCR 扩增的基本原理;

2. 掌握从活性污泥微生物总 DNA 中进行 16S rDNA PCR 扩增的方法。

二、基本原理

PCR(polymerase chain reaction,聚合酶链式反应)是一种选择性体外扩增 DNA 的方法,它包括三个基本步骤(图 27-1):(1)变性(denature)使目的双链 DNA 片段在高温下(一般为 95℃)解链,分离出单链的模板;(2)退火(annealing)使两种寡核苷酸引物在适当温度下(55℃左右)与模板上的目的序列通过氢键配对;(3)延伸(extension)使 DNA 聚合酶在最适温度(72℃)下以单链 DNA 为模板并利用反应混合物中的四种脱氧核苷三磷酸(dNTPs)合成新生的互补链,并从引物的结合端开始,按 $5' \rightarrow 3'$ 方向延伸。上述三个基本步骤称为一轮循环,理论上重复 25~30 轮这样的循环,就可使目的 DNA 扩增至 10^6 倍。

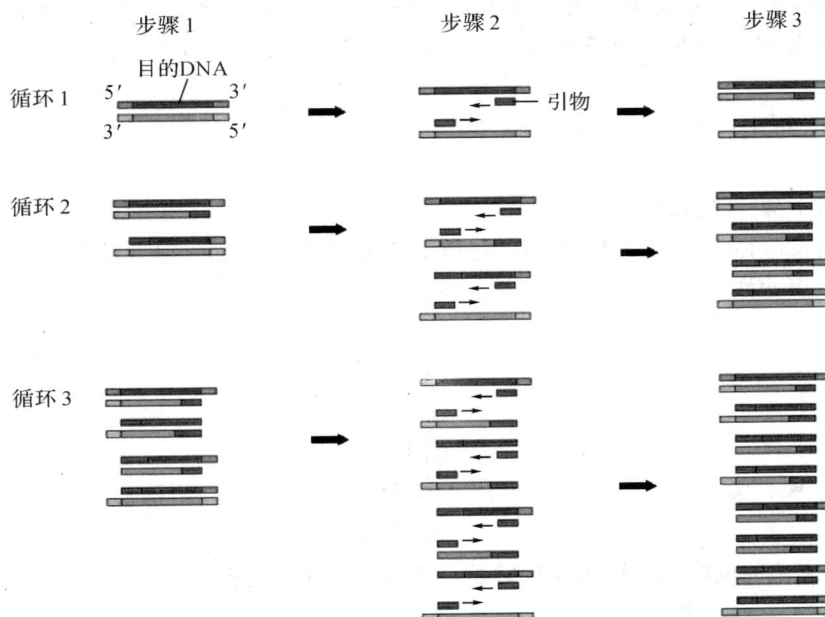

图 27-1　聚合酶链式反应(PCR)

在本实验中,PCR 扩增的模板是从活性污泥内提取得到的微生物总 DNA,扩增的目的序列是微生物 16S rDNA 的 V3 区。采用的引物是细菌的一对通用引物,正向引物 338F:5'-CGC CCG CCG CGC GCG GCG GGC GGG GCG GGG GCG CGG GGG GAC TCC TAC GGG AGG CAG CAG-3';反向引物 518R:5'-ATT ACC GCG GCT GCT GG-3'。其中,正向引物 338F 的 5'端连接有 40bp 的 GC 发夹,以增加 DNA 解链区的 GC 含量,提高解链温度。

三、实验器材

1. 样品:从活性污泥内提取得到的微生物总 DNA。

2. 仪器及相关用品:PCR 扩增仪(图 27-2 左),琼脂糖凝胶电泳所需设备(电泳槽及核酸电泳仪,图 27-2 中),凝胶成像分析系统(图 27-2 右),移液枪及吸头,硅烷化的 PCR 管,台式高速离心机。

图 27-2　PCR 扩增仪(左)、电泳仪(中)和凝胶成像分析系统(右)

3.试剂:*Taq* DNA 聚合酶,10×PCR 反应缓冲液,$MgCl_2$ 25 mmol/L,四种 dNTP 混合物各为 2.5 mmol/L;引物:正向引物和反向引物(浓度为 25 pmoL/L),灭菌的去离子水(ddH_2O);模板:从活性污泥中提取得到的微生物总 DNA,用灭菌的去离子水稀释 10 倍后用作模板进行 PCR 扩增;DNA 分子量标准,1.0%琼脂糖,核酸上样缓冲液。

四、实验程序

1.建立 PCR 扩增反应体系

PCR 扩增反应体系总体积为 50 μL,向 PCR 反应管中依次加入以下试剂:

10×PCR 缓冲液	5 μL
dNTPs	2 μL
$MgCl_2$	5 μL
引物	各 1 μL
模板	1 μL
Taq DNA 聚合酶	2.5 U
ddH_2O	35 μL

在做上述实验的同时,以 ddH_2O 代替扩增模板做一阴性对照。

2.设置 PCR 反应条件

PCR 反应条件见表 27-1。

表 27-1　PCR 反应条件

95℃	5 min
↓	
95℃	1 min
↓	
55℃	1 min
↓	35 个循环
72℃	1 min
↓	
72℃	10 min
↓	
4℃	备用

3.电泳检测结果

PCR 反应结束后,取 5 μL 反应液在 1.0%(W/V)的琼脂糖凝胶上进行电泳,检测扩增产物。DNA 上样时,加上 DNA 分子量标记作为判断 PCR 产物大小的参照物。

五、注意事项

1. 在配制 PCR 反应体系的过程中,应在加入 dNTP 混合物后再加入 Taq DNA 聚合酶,因为有些酶的 $3' \to 5'$ 外切酶活性较强,如果反应体系中不含 dNTP,可能导致引物分解。

2. 应对吸头和 PCR 反应管进行高压灭菌,每次操作前必须更换吸头,以免试剂相互污染。

六、问题与思考

1. 以细菌通用引物扩增细菌 16S rDNA 的目的是什么?

2. 影响 PCR 扩增效率的因素有哪些?

3. 如果出现非特异性 DNA 条带,可能的原因有哪些?

实验 28 DGGE 分析微生物的多样性

一、目的要求

1. 学习 DNA 变性梯度凝胶电泳(DGGE)技术。

2. 了解应用凝胶成像分析软件分析 DGGE 结果的方法。

二、基本原理

从活性污泥中获得微生物总 DNA 后,应用细菌 16S rDNA 通用引物进行 PCR 扩增,可以得到与碱基长度相同的细菌 16S rDNA。采用 DGGE 技术能够分离 PCR 产物,工作原理是:在聚丙烯酰胺凝胶中添加变性剂(尿素和甲酰胺的混合物),使其形成浓度梯度,在不同浓度变性剂的作用下,序列不同的双链 DNA 分子在聚丙烯酰胺凝胶上发生解链而停止迁移的位置也不相同,因此可使长度相同而序列不同的 16S rDNA 片段得到分离。由于每种细菌 16S rDNA 的可变区碱基序列相对稳定,而不同细菌 16S rDNA 的可变区碱基序列差异较大,因此根据电泳条带的多寡和条带的位置,可以初步辨别样品中微生物种类的多少,进而粗略分析活性污泥中微生物的多样性。

三、实验器材

1. 样品:活性污泥微生物总 DNA 中 16S rDNA 的 PCR 扩增产物。

2. 仪器:DGGE 电泳仪(图 28-1),凝胶成像分析系统,移液枪,脱色摇床。

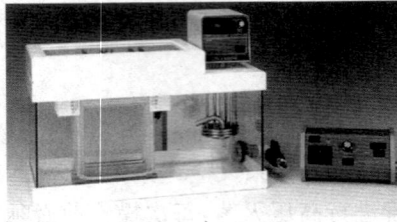

图 28-1　DGGE 电泳仪

3. 主要试剂

（1）DNA DGGE 电泳所需试剂：去离子甲酰胺，尿素，丙烯酰胺，甲叉丙烯酰胺，过硫酸胺，TEMED，上样缓冲液[含 0.08%（w/V）溴酚蓝、0.08%（w/V）二甲苯青（或 1∶1 的乙醚酒精溶液）、30%（V/V）甘油]，1×TAE 缓冲液。

（2）聚丙烯酰胺凝胶染色所需试剂：固定液（含 40%乙醇和 10%冰醋酸的混合液），1%硝酸，染色液（含 0.2%硝酸银和 500 μL 甲醛的混合液），显影液（含 2.5%无水碳酸钠和 250 μL 甲醛的混合液），中止液（0.5 mol/L EDTA-Na$_2$），10%甘油，50%乙醇。

四、实验程序

（一）DGGE

1. 制胶

使用梯度胶制备装置，制备变性剂浓度为 37.5%～62.5%（100%的变性剂为 7 mol/L 尿素和 40%去离子甲酰胺的混合物）的 10%聚丙烯酰胺凝胶。凝胶体系中过硫酸铵浓度为 0.03%（W/V），TEMED 浓度为 0.15%（V/V）。其中，变性剂浓度由上而下依次递增。

2. 加样

待变性胶完全凝固后，将胶板放入装有 1×TAE 电泳缓冲液的装置中，在每个加样孔中加入含有 50%上样缓冲液的 PCR 产物 20～25 μL。

3. 电泳

在 150V 的电压下，60℃电泳 330 min。

（二）凝胶染色

凝胶银染法的操作步骤如下：

1. 在浴盆中，以固定液固定胶片 20 min 后，小心沥去固定液，加入 1%硝酸浸泡 10 min。

2. 小心沥去硝酸液，用去离子水浸洗胶片 3 次，每次 5 min，以洗去胶片表面的硝酸。

3. 将清洗后的胶片浸泡在染色液中 20 min，然后小心取出胶片。

4. 在去离子水中浸洗 10 s，立即浸泡在显影液中，缓慢摇晃直至条带完全显现。

5. 立即取出胶片，置于中止液中浸泡 10 min。

6. 小心取出胶片，用去离子水浸洗胶片 3 次，每次 10 min，以洗去胶片表面溶液。

（三）条带分析

对 DGGE 胶片上显现的 DNA 指纹图谱，可借助凝胶分析软件进行条带判读以及迁移率、强度和面积的计算,然后采用统计分析方法对胶片上的样品进行分析。相似性指数是表征群落中物种多样性的简便方法。本实验采用 Jaccard 指数、聚类分析和主成分分析(PCA)三种方法分析不同样品间的细菌群落相似性,其计算步骤如下:

1. 在凝胶成像系统中,观察并拍照显影胶片,保存图片。
2. 打开凝胶分析软件,进行条带判读以及迁移率、强度和面积计算。
3. 计算样品之间微生物的同源性,Jaccard 指数的计算公式为:

$$C_j = \frac{j}{a+b+j} \tag{28-1}$$

式 28-1 中:C_j 为 Jaccard 指数,j 为两样品间共有的 DNA 条带数,a 和 b 分别为样品各自特有的条带数。根据 Jaccard 指数值,可初步判定两样品间细菌群落结构的相似性和多样性程度。

4. 根据胶片上各条带的相对迁移率和相对密度进行聚类分析和主成分分析。聚类分析采用 Ward 相关矩阵法,主成分分析使用软件 JMP4.0(SAS Institute Inc.,Cary,NC,USA)。通过主成分分析,可进一步判定各样品之间的相似程度。通过聚类分析可建立系统发育树,使群落结构相似的样品聚集成簇,借此判定各个样品群落结构的相似程度(参考 Boon N,*et al.* *FEMS Microbiology Ecology*,2002,39:101−112)。此外,如果需要了解每一 DNA 条带所代表的微生物种类,则需要对条带进行割胶回收,测序,然后在 Genbank 中进行比对。

五、注意事项

1. 在制胶过程中,配好丙烯酰胺凝胶混合液后必须马上利用梯度灌胶器灌入制胶槽,以防止变性胶凝固。
2. 在染色过程中,应把握好显色时间与终止时间,防止因染色时间不够而导致条带不清或因染色过度导致条带模糊。
3. 丙烯酰胺是一种神经毒试剂,实验过程中应带上手套,避免皮肤直接接触。

六、问题与思考

1. DGGE 技术分离 DNA 片段的原理是什么?
2. DGGE 技术分析微生物多样性的缺陷是什么,如何减少实验偏差?

实验 29 凝胶中 DNA 的回收、测序及系统发育树的构建

一、目的要求

1. 掌握从聚丙烯酰胺凝胶中回收和纯化 DNA 片段的技术。
2. 学习应用生物信息学软件构建基于微生物 16S rDNA 序列的系统发育树的方法。

二、基本原理

本实验采用压碎浸泡法纯化回收凝胶中的 DNA,适合于从 3.5%～5.0%聚丙烯酰胺凝胶内回收小分子量(<1kb)的 DNA 片段,具有操作简便、分离物纯度高、杂质含量少(不含酶抑制剂以及对转染细胞有毒性的物质)的优点,但存在回收率低和不能回收大片段 DNA 的缺点。由于 DNA 存在于三维网格状的聚丙烯酰胺凝胶内,凝胶被捣碎后,DNA 溶解于洗脱缓冲液中,通过高速离心,可使 DNA 分离。对回收的 DNA 片段进行测序,可得到两方面的信息:(1)将该序列与 GenBank 中的相关序列进行 Blast 比对,初步判定 DNA 条带所代表的微生物种类;(2)将该序列与其他样品中分离的序列互相比较,可建立系统发育树,判断各样品细菌种群的多样性。

三、实验器材

1. 样品:采用 DGGE 技术分离 16S rDNA 的 PCR 扩增产物所得的 DNA 条带。
2. 仪器:台式高速离心机、移液枪。
3. 试剂:洗脱缓冲液[0.5 mol/L 乙酸铵,10 mmol/L 乙酸镁,1 mmol/L EDTA(pH 8.0),0.1%SDS],TE 缓冲液(pH 8.0),3 mol/L 乙酸钠(pH 5.2),饱和酚,氯仿/异戊醇(24∶1),100%和 70%乙醇。

四、实验程序

(一)凝胶回收

1. 用洁净的刀片将含有目的 DNA 片段的凝胶切下,将胶条放入 1.5 mL 的 Eppendorf 管,用小玻棒捣碎凝胶。
2. 估计凝胶的体积,向离心管中加入 1～2 倍体积的洗脱缓冲液。
3. 盖紧管盖,在 37℃下轻摇,小片段(<500 bp)洗脱 3～4 h,更大片段则需要 12～16 h。
4. 4℃下 12000 r/min 离心 1 min,用拉长的吸管将上清液转移至另一个新的离心管中,转移时要小心,不要夹带聚丙烯酰胺凝胶碎片。
5. 再加 0.5 倍体积的洗脱缓冲液,充分混匀后,离心,合并两部分上清液。
6. 将上清液通过一个装有硅烷化的玻璃棉的一次性吸头,除去残余的聚丙烯酰胺凝胶碎片。
7. 加 2.5 倍体积的乙醇,置-20℃ 30 min,12000 r/min 离心 10 min,回收沉淀的 DNA。
8. 用 200 μL TE 缓冲液溶解 DNA,再以等体积酚和氯仿/异戊醇各抽提一次,将水相转移到另一 Eppendorf 管中。
9. 加 1/10 体积的 3 mol/L 乙酸钠和 2.5 倍体积的乙醇再次沉淀 DNA,置-20℃ 30 min。
10. 12000 r/min 离心 15 min,弃上清液后,用 70%乙醇清洗沉淀,真空干燥后,将 DNA 溶解于 10～20 μL TE 缓冲液中。

（二）DNA 测序

将回收得到的 DNA 样品寄送到有关生物技术公司测序。

（三）细菌 DNA 序列的种属判定

1. 应用 Blast 程序,在 NCBI(http://www.ncbi.nlm.nih.gov/blast)中,将测得的 DNA 序列进行同源比对。

2. 根据同源比对返回的结果,初步判定该 DNA 条带所代表的微生物(前提是 DGGE 中 DNA 分离彻底,该条带只含有一种微生物的 16S rDNA)的种属范围。

（四）系统进化树的建立

1. 登录密歇根州立大学的 RDP 网站(http://rdp.cme.msu.edu/),上载所有测得的 DNA 序列,如果测得的 DNA 序列数量有限,也可在网站数据库内选取相关细菌的 16S rDNA 序列作为参比菌株序列。

2. 按照网站上的指示步骤,将各有关参数选定为默认值,逐步操作最终建立各序列的系统发育树。

3. 根据建立的系统发育树,比较样品内各细菌之间的种群关系以及不同样品各细菌之间的种群关系。

五、注意事项

1. 如果由于某些原因导致 DNA 回收量过低,不能达到测序所需的 DNA 数量,则可用回收的 DNA 作为模板,以细菌 16S rDNA 序列的通用引物(不含 GC 夹)进行扩增,再对特异性的扩增产物进行测序。

2. 在构建细菌 16S rDNA 序列系统发育树的过程中,选取不同的参数会返回不同的结果,若需构建多个系统发育树,应注意选取参数的一致性。

六、问题与思考

1. 在 NCBI 中进行 DNA 的 Blast 比对,为什么不能根据返回结果直接判定该条带 DNA 所代表的 DNA 种属类别?

2. 在分析细菌的种属系统发育树时,发育树的横向距离代表什么含意?

第十一部分 微生物与环境监测

生物监测是利用生物对环境污染所发出的各种信息来判断环境污染状况的过程。生物长期生活于自然环境中,不仅能够对多种污染做出综合反映,也能对污染的历史状况做出反映。因此,生物监测取得的结果具有重要的参考价值。

实验 30 水中细菌总数和大肠菌群的检测

水与人类的生活和生产息息相关。水中细菌的多少从一个侧面反映了水的质量。在水质评价中,细菌总数和大肠菌群数量是两个非常实用的检测指标。通过检测结果与卫生标准比对,可以从细菌学的角度,对饮用水以及水源水的安全性做出判断。

一、水中细菌总数的测定

(一)目的要求

1. 学习并掌握饮用水质和水源水质的细菌学检测方法。
2. 了解细菌总数与水质的关系。

(二)基本原理

所谓细菌总数是指将 1 mL 水样放在牛肉膏蛋白胨琼脂培养基中,于 37℃培养 24 h 后,所长出的细菌菌落总数。细菌总数越多,表示水体受有机物或粪便污染越严重,携带病原菌的可能性也越大。我国生活饮用水标准(GB5749-85)规定 1 mL 水中的细菌总数不得超过 100 个。

(三)实验器材

1. 培养基:牛肉膏蛋白胨琼脂培养基。
2. 仪器:电炉、恒温水浴锅、恒温培养箱、放大镜。
3. 试剂:硫代硫酸钠($Na_2S_2O_3 \cdot 5H_2O$)溶液。

4.其他用品:无菌采样瓶,9 mL 无菌水试管,无菌培养皿(直径 9 cm),无菌移液管等。

(四)实验程序

1.水样采取

为了反映真实水质,采样需要无菌操作,检测前应防止杂菌污染。

(1)饮用水(自来水)水样的采取:先用火焰灼烧自来水龙头 3 min(灭菌),然后打开水龙头排水 5 min(排除管道内积存的死水),再用无菌采样瓶接取水样。如果水样中含有余氯,则需在对采样瓶进行灭菌前,在瓶中添加一定量的硫代硫酸钠($Na_2S_2O_3 \cdot 5H_2O$)溶液(每采 500 mL 水样,添加 1 mL 3%硫代硫酸钠溶液),以消除余氯的杀菌作用。

(2)水源(江水、河水、池水或湖水)水样的采取:先将无菌采样瓶浸入水中,在距水面 10～15 cm 地方打开瓶盖,盛满水后,盖上瓶盖,再从水中取出。

2.细菌总数测定

(1)水样稀释:根据水样受有机物或粪便污染的程度,可用无菌移液管作 10 倍系列稀释,获得 1:10,1:100,1:1000 等系列稀释液。

(2)混菌法接种:按照无菌操作的要求,用无菌移液管吸取原水样 1 mL 或选取适宜的稀释液 1 mL,注入无菌培养皿中,倾注 15 mL 融化并冷却到 45℃左右的牛肉膏蛋白胨琼脂培养基,立即旋转培养皿使水样与培养基混匀,每个稀释度设置 2 个培养皿,另设 2 个培养皿作为对照。

(3)培养:待琼脂培养基凝固后,翻转培养皿,底面向上,置于 37℃恒温培养箱内培养 24 h。

(4)计算每个稀释度的平均菌落数:由于每个稀释度设置 2 个培养皿,一般取这两个培养皿的菌落平均数作为代表值;若其中一个培养皿长有较大的片状菌落(菌落连在一起,成片难以区分),则剔除该培养皿的菌落数,以另一个培养皿的菌落数作为代表值;若片状菌落覆盖的面积不到培养皿的一半,并且其余一半的菌落分布均匀,则可计数半个培养皿的菌落数,乘以 2 后,再作为整个培养皿的代表值。

(5)计算细菌总数:将菌落数介于 30～300 之间的稀释度视为有效数源,计算水样的细菌总数,具体参见表30-1。

(6)报告方式(表 30-1)说明:

在例次 1 中,只有 1 个稀释度的平均菌落数(代表值)介于 30～300 之间,因此细菌总数是该稀释度的平均菌落数与稀释倍数的乘积。

在例次 2 和 3 中,有 2 个稀释度的平均菌落数(代表值)介于 30～300 之间,细菌总数由这两个稀释度的平均菌落数之比决定[要对两个稀释度(分别为 10^{-2} 和 10^{-3})的菌落数(依次为 294 和 46)进行比较,必须将其转换成同一稀释度(10^{-2} 或 10^{-3})所对应的菌落数(294 和 460 或 29.4 和 46),否则会出错];例次 2 的比值小于 2,则取这两个稀释度的菌落代表值的平均数(计算平均数时,应注意先乘上稀释倍数)作为细菌总数;例次 3 的比值大于 2,则以两个稀释度中较少的平均菌落数与相应的稀释倍数之积作为细菌总数。

在例次 4 中,所有稀释度的平均菌落数(代表值)均大于 300,细菌总数由稀释度最高的平均菌落数乘以稀释倍数确定。

在例次 5 中,所有稀释度的平均菌落数(代表值)均小于 30,细菌总数由稀释度最低的平均菌落数乘以稀释倍数确定。

在例次 6 中,所有稀释度的平均菌落数(代表值)均不在 30～300 之间,细菌总数由最接近

300 或 30 的平均菌落数乘以稀释倍数确定。

表 30-1　细菌总数的计算

例次	不同稀释度的平均菌落数			两个稀释度菌落数之比	菌落总数（个/mL）	报告方式（个/mL）	备注
	10^{-1}	10^{-2}	10^{-3}				
1	1365	164	20	—	16400	16000 或 1.6×10^4	两位以后的数字采取四舍五入的方法去掉
2	2760	294	46	1.6	37700	38000 或 3.8×10^4	
3	2800	271	60	2.2	27100	27000 或 2.7×10^4	
4	无法计数	1650	513	—	513000	510000 或 5.1×10^5	
5	27	11	5	—	270	270 或 2.7×10^2	
6	无法计数	305	12	—	30500	31000 或 3.1×10^4	

（五）注意事项

1. 从取样到检测的时间间隔不得超过 4 h。若不能及时检测，应将水样保存在冰箱内，但存放时间不得超过 24 h，并需在检验报告上注明。

2. 搞清每个培养皿的菌落数、每个稀释度的平均菌落数（代表值）和细菌总数三者之间的关系。

（六）问题与思考

细菌总数测定能否测得水中的全部细菌？为什么？

二、水中总大肠菌群的检测

（一）目的要求

1. 了解饮用水和水源水大肠菌群检测的原理和意义。
2. 学习饮用水和水源水大肠菌群检测的方法。

（二）基本原理

大肠菌群，又称总大肠菌群（total coliform），是指能在 37℃下生长并能在 24 h 内发酵乳糖产酸产气的革兰氏阴性无芽孢杆菌的总称，主要包括肠菌科的埃希氏菌属（*Escherichia*）、柠檬酸杆菌属（*Citrobacter*）、肠杆菌属（*Enterobacter*）和克雷伯氏菌属（*Klebsiella*）。其中，一些大肠菌群细菌能在 44℃下生长并发酵乳糖产酸产气，由于它们主要来自粪便，因此将它们称为"粪大肠菌群"（fecal coliform）。据调查，在人粪中，粪大肠菌群占总大肠菌群数的 96.4%。大肠菌群已成为国际上公认的粪便污染指标。

我国现行生活饮用水标准（GB5749-85）规定，每升水中总大肠菌群数不得超过 3 个；如果只经过加氯消毒即供作生活饮用水，每升水源水中的总大肠菌群数不得超过 1000 个；如果经过净化处理和加氯消毒后再供作生活饮用水，每升水源水中的总大肠菌群数不得超过 10000 个。

（三）实验器材

1. 水样：自来水或受粪便污染的河水、池水、湖水。

2. 培养基:乳糖蛋白胨培养基,三倍浓缩乳糖蛋白胨培养基,伊红美蓝琼脂培养基(配制方法见附录)。

3. 玻璃器具:500 mL 锥形瓶 1 个,250 mL 锥形瓶 1 个,试管(15×150 mm)7 支,大试管 (18×180 mm)10 支,1 mL 移液管 4 支,10 mL 移液管 1 支,培养皿 3～4 副。

4. 仪器及其相关用品:显微镜,香柏油,二甲苯(或 1:1 的乙醚酒精溶液),吸水纸,擦镜纸。

5. 其他用品:载玻片,盖玻片,革兰氏染色液。

(四)实验程序

根据我国生活饮用水标准检验法(GB5750-85),总大肠菌群数可用多管发酵法或滤膜法检验,本实验采用多管发酵法(MPN 法,详见实验 10)。

1. 水样的采取和保藏

采取水样的方法类同于上述细菌总数检测。如需检测好氧微生物,采样后应立即换成无菌棉塞。

水样必须及时检测,若因故不能及时检测,则必须放在 4℃ 冰箱内保存。如果没有低温保藏条件,则应在报告中注明。对于较清洁的水样,采样与检测的时间间隔不得超过 12 h;对于污水水样,采样与检测的时间间隔不得超过 6 h。

2. 生活饮用水的检测

总大肠菌群的检测步骤如图 30-1 所示。

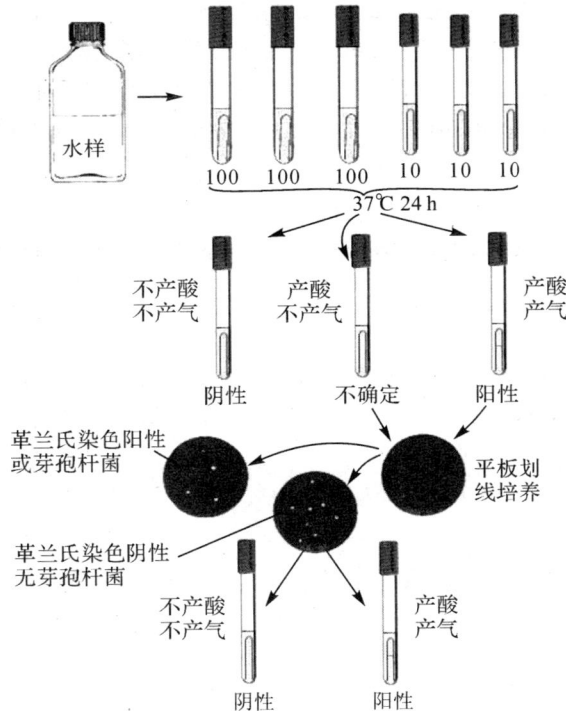

图 30-1　总大肠菌群的检测

(1)初发酵试验:在 2 支各装有 50 mL 三倍浓缩乳糖蛋白胨培养基的大发酵管中,以无菌操作的方法分别加入待测水样 100 mL。在 10 支各装有 5 mL 三倍浓缩乳糖蛋白胨培养基的发酵管中,以无菌操作的方法分别加入水样 10 mL,混匀后置于 37℃恒温箱中培养 24 h,观察产酸产气情况。若培养液未变成黄色(不产酸),小支管中无气体(不产气),则判为阴性反应,表明不存在大肠菌群;若培养液变成黄色(产酸),小支管中有气体(产气),则判为阳性反应,表明存在大肠菌群;若培养液变成黄色(产酸),但小支管中无气体(不产气),则结果不能确定。阳性反应管和不确定管都需进一步检测。若倒置的小支管内含有气体,培养液不变色,也不浑浊,说明操作有问题,应重新检测。

(2)平板划线分离:将培养 24 h 后产酸(培养基呈黄色)产气或只产酸不产气的发酵管取出,以无菌操作的方法,用接种环挑取一环发酵液划线接种于伊红美蓝培养基上。置于 37℃恒温箱内培养 18～24 h,观察菌落特征。如果涂片镜检,见到的细菌是无芽孢杆菌,革兰氏染色呈阴性反应,平板上的菌落具有下述特征,则表明存在大肠菌群。在伊红美蓝平板培养基上,菌落特征为:深紫黑色,具有金属光泽;紫黑色,不带或略带金属光泽;淡紫红色,中心颜色较深。

(3)复发酵试验:以无菌操作的方法,用接种环在具有上述特征的菌落上挑取一环,放入装有 10 mL 普通浓度乳糖蛋白胨培养基的发酵管内,盖上试管塞,置于 37℃恒温箱内培养 24 h,如果产酸产气,则证实存在大肠菌群。

根据确认的阳性菌试管数,查表(见附录),计算每升水样中大肠菌群数。

3. 水源水的检测

(1)稀释水样:根据水源水的清洁程度确定水样的稀释倍数,除污染严重的水样外,一般采用 10 倍稀释法(需无菌操作),稀释为 1∶10 和 1∶100。

(2)初发酵试验:以无菌操作的方法,用无菌移液管吸取 1 mL 1∶100 和 1∶10 的稀释水样以及 1 mL 原水样,分别注入装有 10 mL 普通浓度乳糖蛋白胨培养基的发酵管中,另取 10 mL 原水样,注入装有 5 mL 三倍浓缩乳糖蛋白胨培养基的发酵管中(注:如果水样较清洁,可再取 100 mL 水样,注入装有 50 mL 三倍浓缩的乳糖蛋白胨培养基发酵瓶中)。置 37℃恒温箱中培养 24 h 后观察结果。

后续测定与生活饮用水的测定方法相同。

(3)根据确认的阳性管(瓶)数,查表(见附录),计算每升水样中的大肠菌群数。

(五)注意事项

1. 如果检测被严重污染的水样或检测污水,稀释倍数可选得大些。

2. 对于被严重污染的水样和污水,可根据初步发酵试验中的阳性管数,计算每升水样中的大肠菌群数。

(六)问题与思考

1. 测定水中大肠菌群数有什么实际意义?为什么选用大肠菌群作为水的卫生指标?

2. 根据我国饮用水水质标准,讨论这次检验结果。

附录 1

1. 乳糖蛋白胨培养基

蛋白胨   10 g

牛肉膏   3 g

乳糖	5 g
氯化钠	5 g
1.6%溴四酚紫乙醇溶液	1 mL
蒸馏水	1000 mL
pH	7.2~7.4

按配方分别称取蛋白胨、牛肉膏、乳糖、氯化钠,将它们溶于 1000 mL 蒸馏水中,调节 pH 至 7.2~7.4,再加入 1 mL 1.6%溴甲酚紫乙醇溶液,混匀后分装于试管内,每管 10 mL。另取一小支管倒放于试管中,使小支管内充满液体培养基。115℃下加压灭菌 20 min,取出备用。

2. 三倍浓缩乳糖蛋白胨培养基

按上述配方的三倍剂量配制乳糖蛋白胨培养基,分装于内有倒置小支管的大试管中,每管 5 mL。115℃加压蒸汽灭菌 20 min,取出备用。

3. 伊红美蓝培养基

蛋白胨	10 g
乳糖	10 g
磷酸氢二钾	2 g
琼脂	20~25 g
蒸馏水	1000 mL
pH	7.0~7.4
2%伊红水溶液	20 mL
0.5%美蓝水溶液	13 mL

先将琼脂加入 900 mL 蒸馏水中,加热溶解,然后按配方加入蛋白胨、磷酸氢二钾,溶解后,加蒸馏水补足至 1000 mL,调节 pH 至 7.2~7.4,趁热用脱脂棉或绒布过滤,再加入乳糖,混匀后,定量分装于锥形瓶中,115℃加压灭菌 20 min,取出备用。

临制平板前,加热融化上述乳糖蛋白胨琼脂培养基,按比例分别加入无菌 2%伊红溶液和 0.5%美蓝溶液,混匀,每个无菌培养皿中倒入 12~15 mL 培养基,制成平板,冷凝后用纸包装好,置冰箱中保存备用。

附录 2　大肠杆菌群检验表

大肠杆菌群检验表见表 3-1 至表 3-6。

表 3-1 大肠杆菌群检验表

接种水样总量 300 mL（100 mL2 份,10 mL10 份）

10 mL 水量阳性管数	100 mL 水量的阳性管数		
	0	1	2
0	<3	4	11
1	3	8	18
2	7	13	27
3	11	18	38
4	14	24	52
5	18	30	70
6	22	36	92
7	27	43	120
8	31	51	161
9	36	60	230
10	40	69	>230

注:表中数值代表每升水样中大肠菌群数

表 3-2 大肠杆菌群检验表

接种水样量 111.1 mL（100、10、1、0.1 mL 各 1 份）

100	10	1	0.1	每升水样中大肠菌群数
−	−	−	+	<9
−	−	−	+	9
−	−	+	−	9
−	+	−	−	9.5
−	−	+	+	18
−	+	−	+	19
−	+	+	−	22
+	−	−	−	23
−	+	+	+	28
+	−	−	+	92
+	−	+	−	94
+	−	+	+	180
+	+	−	−	230
+	+	−	+	960
+	+	+	−	2380
+	+	+	+	>2380

表 3-3 大肠杆菌群检验表

接种水样量 11.11 mL（10、1、0.1、0.01 mL 各 1 份）

10	1	0.1	0.01	每升水样中大肠菌群数
−	−	−	+	<90
−	−	−	+	90
−	−	+	−	90
−	+	−	−	95
−	−	+	+	180
−	+	−	+	190
−	+	+	−	220
+	−	−	−	230
−	+	+	+	280
+	−	−	+	920
+	−	+	−	940
+	−	+	+	1800
+	+	−	−	2300
+	+	−	+	9600
+	+	+	−	23800
+	+	+	+	>23800

表 3-4 大肠杆菌群检验表

接种水样量 1.111 mL（1、0.1、0.01、0.001 mL 各 1 份）

1	0.1	0.01	0.001	每升水样中大肠菌群数
−	−	−	+	<900
−	−	−	+	900
−	−	+	−	900
−	+	−	−	950
−	−	+	+	1800
−	+	−	+	1900
−	+	+	−	2200
+	−	−	−	2300
−	+	+	+	2800
+	−	−	+	9200
+	−	+	−	9400
+	−	+	+	18000
+	+	−	−	23000
+	+	−	+	96000
+	+	+	−	238000
+	+	+	+	>238000

表 3-5 大肠杆菌群检验表

接种水样量 0.1111 mL

（0.1、0.01、0.001、0.0001 mL 各 1 份）

接种水样量（mL）				每升水样中
0.1	0.01	0.001	0.0001	大肠菌群数
−	−	−	+	<9000
−	−	−	+	9000
−	−	+	−	9000
−	+	−	−	9500
−	−	+	+	18000
−	−	+	+	19000
−	+	+	−	22000
+	−	−	−	23000
−	+	+	+	28000
+	−	+	−	92000
+	−	+	−	94000
+	−	+	+	180000
+	+	−	−	230000
+	+	−	+	960000
+	+	+	−	2380000
+	+	+	+	>2380000

表 3-6 大肠杆菌群检验表

接种水样量 0.01111 mL

（0.01、0.001、0.0001、0.00001 mL 各 1 份）

接种水样量（mL）				每升水样中
1	0.1	0.01	0.001	大肠菌群数
−	−	−	+	<90000
−	−	−	+	90000
−	−	+	−	90000
−	+	−	−	95000
−	−	+	+	180000
−	−	+	+	190000
−	+	+	−	220000
+	−	−	−	230000
−	+	+	+	280000
+	−	+	−	920000
+	−	+	−	940000
+	−	+	+	1800000
+	+	−	−	2300000
+	+	−	+	9600000
+	+	+	−	23800000
+	+	+	+	>23800000

实验 31 空气中微生物的计数

被微生物污染的空气是呼吸道传染病的主要传播介质。空气中微生物的多少从一个侧面反映了空气的质量和安全性。常用的空气中微生物的检测方法有沉降法与滤过法。

一、沉降法

（一）目的要求

1. 学习并掌握用沉降法检测空气中的微生物。
2. 了解空气环境中微生物的数量。

（二）基本原理

虽然空气不是微生物栖息的良好环境，但由于种种原因，空气中存在着相当数量的微生物。一旦空气中的微生物沉降到固体培养基表面，经过一段时间的适温培养，每个分散菌体或孢子就会形成一个肉眼可见的细胞群体，即菌落。观察形态和大小各异的菌落，可以大致鉴别空气中存在的微生物种类。计数菌落数，可按公式推算 1 m³ 空气中的微生物数量。

（三）实验器材

1.培养基：牛肉膏蛋白胨培养基，马铃薯－蔗糖培养基，高氏一号培养基。

2.仪器：高压蒸汽灭菌锅，干热灭菌箱，恒温培养箱，4℃冰箱。

3.其他用品：培养皿，吸管，标签纸等。

（四）实验程序

1.人员组合：两人一组，四组构成一个组合，以组合为单位进行本实验操作。

2.标记培养皿：每组取6套培养皿，分别在皿底贴上标签，注明所用的培养基。

3.制作平板：融化细菌（牛肉膏蛋白胨）琼脂培养基、真菌（马铃薯蔗糖）琼脂培养基和放线菌（高氏一号）琼脂培养基，每种培养基各倒2皿，将细菌培养基直接倒入培养皿中，制成平板。在制作后两种平板前，预先在培养皿内加入适量的链霉素液，再倾倒真菌培养基，混匀，制成平板；同样在培养皿内加入适量的重铬酸钾液，再倾倒放线菌培养基混匀，制成平板（图31-1）。

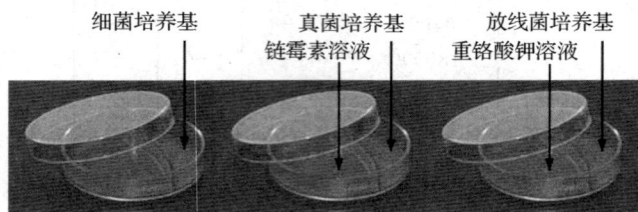

图 31-1　三种平板培养基的制作

4.暴露取样：每组在指定的地点取三种平板培养基打开皿盖，按分配好的时间在空气中暴露 5 min 或 10 min。时间一到，立即合上皿盖。

5.培养观察：将培养皿倒转，置28～30℃恒温培养箱中培养。细菌培养 48 h，真菌和放线菌培养 4～6 d。计数平板上的菌落，观察各种菌落的形态、大小、颜色等特征。

6.计算 1 m³ 空气中的微生物数量：根据奥梅梁斯基（Omeilianski）的建议，如果平板培养基的面积为 100 cm²，在空气中暴露 5 min，于 37℃下培养 24 h 后长出的菌落数，相当于 10 L 空气中的细菌数。即：

$$X = \frac{N \times 100 \times 100}{\pi r^2} \tag{31-1}$$

式 31-1 中，X 为每 m³ 空气中的细菌数；N 为平板培养基在空气中暴露 5 min，于 37℃ 培养 24 h 后长出的菌落数；r 为底皿半径（cm）。

（五）注意事项

1.在野外暴露取样时，应选择背风的地方，否则会影响取样效果。

2.根据空气污染程度确定暴露时间。如果空气污浊，暴露时间宜适当缩短。

（六）问题与思考

试分析沉降法测定空气中微生物数量的优缺点。

二、滤过法

（一）目的要求

1.学习并掌握空气中微生物的滤过法检测。
2.了解空气环境中微生物的数量。

（二）基本原理

使一定体积的空气通过一定体积的无菌吸附剂（通常为无菌水，也可用肉汤液体培养基），然后用平板培养法培养吸附剂中的微生物，以平板上出现的菌落数计算空气中的微生物数量。

（三）实验器材

1.培养基：同沉降法。
2.器皿：盛有 50 mL 无菌水的三角瓶，5 L 蒸馏水瓶，其余同沉降法。

（四）实验程序

1.灌装自来水：在 5 L 蒸馏水瓶中，灌装 4 L 自来水。
2.组装滤过装置：按图 31-2 组装好滤过装置。

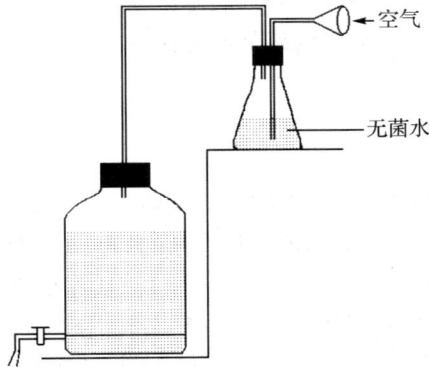

图 31-2　滤过装置

3.抽滤取样：旋开蒸馏水瓶的水龙头，使水缓缓流出。外界空气经喇叭口进入三角瓶中，4 L 水流完后，4 L 空气中的微生物被滤在 50 mL 无菌水（吸附剂）内。

4.培养观察：从三角瓶中吸取 1 mL 水样放入无菌培养皿中（重复 3 皿），每皿倾入 12～15 mL 已融化并冷却至 45℃左右的牛肉膏蛋白胨培养基，混凝后，置 28～30℃下培养 48 h，计数培养皿中的菌落。

5.计算结果：

$$细菌数（个/L 空气）= \frac{每皿菌落的平均数 \times 50}{4}$$

（五）注意事项

1. 仔细检查滤过装置，防止漏气。
2. 水龙头中的水流不宜过快，否则会影响滤过效果。

（六）问题与思考

试比较用沉降法和滤过法测定空气中微生物数量的异同点。

实验 32　Ames 致突变试验

关于人类癌症的起因众说纷纭。一般认为化学物质是主要诱导因素。目前，世界上已有 7 万多种化学物质，而且还在迅速增加。对数量如此之巨的化学物质逐一进行致癌性检测，采用传统的动物实验法极难做到。为此，一些快速准确的微生物检测法应运而生。Ames 试验就是其中应用最广的一种。

一、目的要求

1. 了解 Ames 试验检测诱变剂和致癌剂的基本原理。
2. 学习 Ames 试验检测诱变剂和致癌剂的方法。

二、基本原理

在不含组氨酸的基本培养基上，鼠伤寒沙门氏菌（*Salmonella typhimurium*）组氨酸营养缺陷型（his^-）菌株不能生长，但如果遇到诱变性物质，这些菌株发生回复突变（$his^- \rightarrow his^+$）形成野生型菌株，则可在不含组氨酸的基本培养基上生长，从而形成肉眼可见的菌落。Ames 试验就是利用鼠伤寒沙门氏菌可发生回复突变的特性来检测诱变剂或致癌剂的。根据存在和不存在被检物质时回复突变的频率（图 32-1），可以推断该物质是否具有诱变性或致癌性。

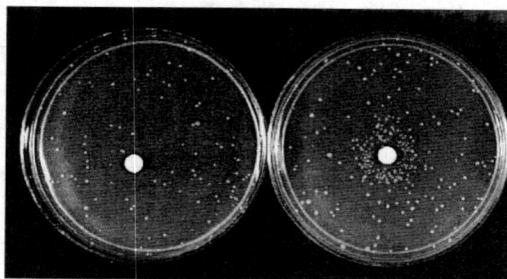

图 32-1　Ames 试验

左图对照滤纸圈上不加化学物质，右图试验滤纸圈上添加化学物质。

比较左图和右图可见，添加化学物质后，滤纸圈周围的菌落数明显增加。

将哺乳动物的肝细胞磨成匀浆,可以分离得到小球状的内质网碎片,称为微粒体。一些化学物质只有经过微粒体中相关酶的激活,才能显现诱变性或致癌性。在进行 Ames 试验中,一般需要添加哺乳动物微粒体作为体外活化系统(S-9 混合液)。因此,Ames 试验也称为鼠伤寒沙门氏菌/哺乳动物微粒体试验。

三、实验器材

1. 菌种:鼠伤寒沙门氏菌 TA100 菌株(组氨酸-生物素缺陷型,测试菌株),野生型 S-CK 菌株(对照菌株)。

2. 培养基

(1)氯化钠琼脂培养基 50 mL,配制方法见附录。

(2)组氨酸-生物素混合液 40m L,配制方法见附录。

(3)上层培养基 50 mL,配制方法见附录。

(4)下层培养基 1000mL,配制方法见附录。

(5)牛肉膏蛋白胨培养液 50 mL,配制方法见实验 12。分装于 10 支试管中,每支试管分装 5mL。0.1MPa 灭菌 20 min。

(6)牛肉膏蛋白胨培养基 450 mL,配制方法见实验 12。分装于锥形瓶中。0.1 MPa 灭菌 20 min。

3. 鼠肝匀浆(S-9 上清液):制备方法见附录。

4. 鼠肝匀浆混合液(S-9 混合液):制备方法见附录。

5. 待测样品

可选致癌性化工厂排放液作为检测样品。将待测样品溶于无菌蒸馏水,配成系列浓度(几十至几百 $\mu g/L$),最高浓度不得超过该物质的抑制浓度。若样品不溶于水,则需用其他溶剂(例如二甲基亚砜、乙醇、丙酮、甲酰胺、四氢呋喃等)溶解。

6. 试剂

(1)黄曲霉素 B1 溶液配制 5 $\mu g/mL$ 和 50 $\mu g/mL$ 两种浓度。

(2)0.85% 生理盐水,配制 150 mL。

7. 器皿

培养皿(ϕ90 mm),移液管(0.1 mL、1 mL、5 mL、10 mL),试管,ϕ6 mm 厚圆滤纸若干,匀浆器,恒温水浴锅,高速冷冻离心机,安瓿瓶,剪刀,镊子,解剖刀,注射器(5 mL),天平。

四、实验程序

(一)测试菌株遗传性状的鉴定

1. 制作菌悬液:从测试菌株 TA100 和对照菌株斜面上各取 1 环菌种,分别接种于牛肉膏蛋白胨培养液中,37℃培养 16～24 h,离心分离菌体并用生理盐水洗涤 3 次,然后制成菌悬液(浓度 1×10^9～2×10^9 个/mL)。

2. 制作底层平板:将分装于锥形瓶中的下层培养基(不含组氨酸-生物素)融化,冷却至 50℃左右,倾入 4 个培养皿内,冷凝后制成底层平板,倒置过夜。

3.制作上层平板:取 4 支分装氯化钠琼脂培养基(不含组氨酸-生物素)的试管,融化其中的培养基并冷却至 45℃左右,保温,取 2 支试管各加 0.1 mL 测试菌株悬液,另取 2 支试管各加 0.1 mL 对照菌株悬液,迅速搓匀并倾在 4 个制好的底层平板上铺匀,制成上层平板。

4.添加试剂:用记号笔在 4 个培养皿背面分别标出 A、B、C 三点,翻转培养皿,打开皿盖,在 A 点放置微量组氨酸颗粒,在 B 点滴加 1 小滴组氨酸-生物素混合溶液,在 C 点不加任何物质作为对照,合上皿盖。

5.恒温培养:将 4 个培养皿置于 37℃恒温培养箱内培养 48 h。

6.结果观察:要求对照菌株 S-CK 在 A、B、C 三点都长成菌落,而测试菌株 TA100(组氨酸和生物素双缺陷型)只在 B 点长成菌落,A 和 C 点没有菌落。

(二)样品致突变性的检测

若样品为化工厂的致癌性废液,则 Ames 试验的操作程序为(图 32-2):

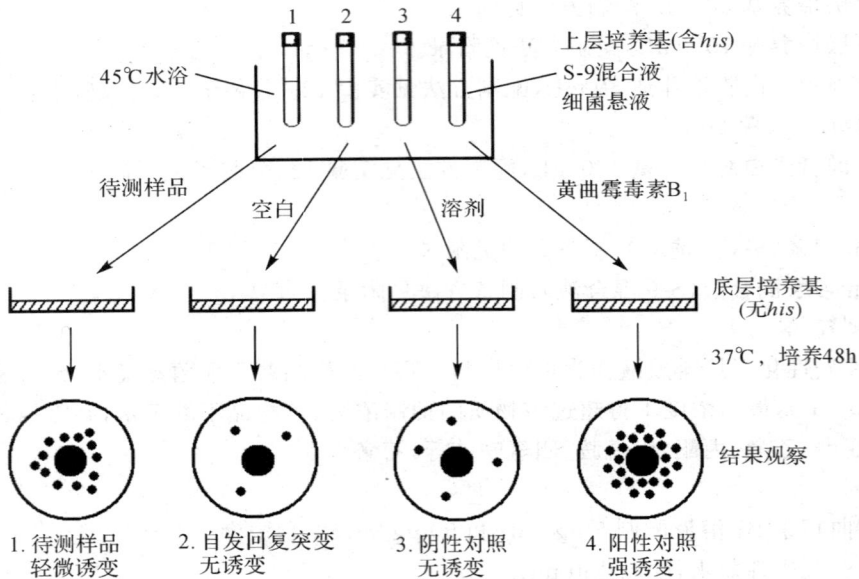

图 32-2　用 Ames 试验检测诱变剂的程序

1.制备测试菌株悬液:活化 TA100 菌株并制成 $1\times10^9\sim2\times10^9$ 个/mL 菌悬液。

2.制作底层平板:融化下层培养基,制作 8 个底层平板,分成 4 组(每组 2 个重复),依次标记为 1~4 号。

3.制作上层平板:(1)融化 8 管上层培养基,冷却至 45℃左右,每管加 0.1 mL 测试菌悬液,分成 4 组(每组 2 个重复),依次标记为 1~4 号。(2)在第 1、2 组试管中各加 5 μg/mL 检测样品 0.2 mL(终浓度为 1 μg/皿),在第 3、4 组试管中各加 50 μg/mL 检测样品 0.2 mL(终浓度为 10 μg/皿)。(3)配好 S-9 混合液,并在第 1、3 组试管内各加 0.5 mL S-9 混合液,第 2、4 组试管内不加 S-9 混合液。(4)将 8 支试管中的各种成分混匀,按组号分别倾在 8 个制好的底层平板上,制成上层平板。

4.恒温培养:将培养皿置于 37℃恒温培养箱内培养 48 h。

5.结果观察:记录各培养皿上的回变菌落数(诱变菌落数),并算出两个重复的诱变菌落平均数(R_t,由于实验中设 2 种浓度,因此有 2 个平均数),用于评估菌落突变率。

(三)对照设计

1. 自发回复突变对照:试验操作与样品检测相同(设 2 个重复),在上层平板中只加 0.1 mL 菌悬液和 0.5 mL S-9 混合液,不加样品液。经 37 ℃培养 48 h 后,在底层平板上长出的菌落即为该菌自发回复突变后生成的菌落。记录各培养皿上的自发回复突变菌落数,并算出两个重复的自发回复突变菌落平均数(R_c),用于评估菌落突变率。

2. 阴性对照:为了排除样品所呈现的 Ames 试验阳性与配制样品液所用的溶剂有关,需以配制样品用的溶剂(例如,水、二甲基亚砜、乙醇等)做平行试验(阴性对照试验,设 2 个重复)。

3. 阳性对照:为了确认 Ames 试验的敏感性和可靠性,则需在检测样品的同时,检测一种已知具有突变性的化学物质(如黄曲霉毒素 B1),作为平行试验(阳性对照试验,设 2 个重复)。

(四)结果评估

根据样品所致的诱变菌落平均数(R_t)和自发回复突变菌落平均数(R_c),可按下式算出菌落突变率:

$$突变率(MR) = \frac{每皿诱变菌落平均数(R_t)}{每皿自发回复突变菌落平均数(R_c)}$$

当突变率大于 2 时,可直接判定样品 Ames 试验阳性。当突变率小于 2 时,则需考虑样品中的被检物浓度,若被检物浓度低于 500 μg/皿,必须提高被检物浓度重新检测;若被检物浓度已达到或超过 500 μg/皿,则可判定样品 Ames 试验阴性。

五、注意事项

1. 在鼠肝匀浆(S-9 上清液)的制备过程中,一切操作均应在低温(0~4 ℃)无菌条件下进行。

2. 为了保证 Ames 试验的可靠性,在检测样品的同时,需做自发回复突变对照、阳性对照和阴性对照试验。

六、问题与思考

1. 在 Ames 试验系统中,添加 S-9 混合液有什么意义?
2. 实验操作过程中要注意哪些事项?

附 录

1. 氯化钠琼脂培养基

50 mL 配方:NaCl 0.25 g,琼脂 0.30 g,蒸馏水 50 mL。加热熔化后,分装于 15 支小试管中,每支小试管分装 3 mL。0.07 MPa 灭菌 20 min。

2. 组氨酸-生物素混合液

L-盐酸组氨酸 31 mg,生物素 49 mg,溶于 40 mL 蒸馏水,备用。

3. 上层培养基

50 mL 配方:NaCl 0.25 g;琼脂 0.40 g;组氨酸-生物素混合液 5 mL;蒸馏水 45 mL。分装于 15 支小试管中,每支小试管分装 3 mL。0.07 MPa 灭菌 20 min。

4. 下层培养基

1000 mL 配方:葡萄糖 20.0 g;柠檬酸 2.0 g;$K_2HPO_4 \cdot 3H_2O$ 3.5 g;$MgSO_4 \cdot 7H_2O$ 0.2 g;琼脂 15.0 g;蒸馏水 1000 mL;pH7.0。分装于锥形瓶中。0.056 MPa 灭菌 20 min。

5. 鼠肝匀浆(S-9 上清液)

选取成年健壮大白鼠 3 只(每只体重约 200 g 左右),按 500 mg/kg 剂量,一次腹腔注射五氯联苯玉米油溶液(五氯联苯浓度为 200 mg/mL),提高肝细胞的微粒体活性。注射后第 5 天断头杀鼠,杀死前 12 h 开始禁食。取出 3 只大白鼠的肝脏合并称重,用冰冷的 0.15 mol/L KCl 溶液洗涤 3 次,剪碎。按 1 g 肝脏(湿重)加 3 mL 0.15 mol/L KCl 溶液的配比,在匀浆器中制成匀浆,用高速冷冻离心机(9000 r/min)离心 20 min,将上清液(即 S-9 上清液)分装于安瓿管中,每管 1~2 mL,液氮速冻,−20℃冷冻保藏。使用前取出,在室温下融化并置于冰浴中,再按下法配制 S-9 混合液。

6. 鼠肝匀浆混合液(S-9 混合液)

(1)0.2 mol/L pH7.4 磷酸缓冲液:称取 35.61 g $Na_2HPO_4 \cdot 2H_2O$ 溶解于蒸馏水中,定容至 1000 mL 制成 A 液;称取 27.60 g $NaH_2PO_4 \cdot H_2O$ 溶解于蒸馏水中,定容至 1000 mL 制成 B 液;按 A 液 81.0 mL 和 B 液 19.0 mL 的比例混合,即成 0.2 mol/L pH7.4 磷酸缓冲液。

(2)Mg-K 盐溶液:$MgCl_2$ 8.1 g;KCl 12.3 g;蒸馏水 100 mL。0.1 Mpa 灭菌 20 min。

(3)0.1 mol/L NADP-G-6-P 溶液:辅酶Ⅱ(NADP)297 mg,葡萄糖-6-磷酸钠盐 152 mg,0.2 mol/L pH7.4 磷酸缓冲液 50 mL,Mg-K 盐溶液 2 mL,加无菌水定容至 100 mL。用滤膜滤菌器过滤除菌,检查无菌后,分装至小瓶中,每瓶 10 mL,−20℃冷冻保藏。

(4)S-9 混合液:取 2 mL S-9 上清液,加入 10 mL NADP-G-6-P 溶液,然后加 1 mL Mg-K 盐溶液,混合,置冰浴中待用。

实验 33　发光细菌毒性试验

发光细菌的发光强度是菌体健康状况的一种反映。检查发光细菌受毒物作用时的发光强度变化,可以评价被测物的毒性大小。

一、目的要求

1. 了解发光细菌毒性试验的基本原理。
2. 学习应用发光细菌毒性试验检测被测物毒性的方法。

二、基本原理

明亮发光杆菌(*Photobacterum phosphoreum*)T_3 小种具有发光能力,其发光反应如下:

$$FMNH_2 + RHO + O_2 \xrightarrow{\text{细菌荧光酶}} FMN + RCOOH + H_2O + 光$$

其发光要素是活体细胞内的荧光素（FMN）、长链醛和荧光酶。在遇到有毒物质时，发光细菌的发光能力减弱，衰减程度与有毒物质的毒性和浓度成一定的比例关系。通过灵敏的光电测定装置，可检查发光细菌受毒物作用时发光强度的变化，进而度量被测物毒性的大小。

三、实验器材

1. 样品：工业废水。
2. 仪器：DXY-2 型生物毒性测试仪（图 33-1），具塞圆形比色管（随仪器提供）。

图 33-1　DXY-2 型生物毒性测试仪

3. 试剂：①复苏溶液（2％NaCl 溶液）用于溶解冻干菌剂。②冻干发光菌剂，由明亮发光杆菌 T_3 小种制成，平时存放于 2～8℃冰箱中。③稀释液（3％NaCl 溶液），用于稀释已复苏的发光菌，可为发光菌提供渗透压保护。
4. 其他用品：刻度吸管（1 mL），定量加液器（1 mL 和 10 mL）。

四、实验程序

1. 水样预处理

（1）如果不需要测定水样的半有效浓度（EC_{50}），则可直接测定水样的毒性，而不必对水样作稀释处理。

（2）如果需要测定水样的 EC_{50}，则需先用 3％NaCl 溶液将水样稀释成如下百分浓度：100％，50％，32％，18％，10％，5％（适用于毒性大的水样），或 100％，80％，60％，40％，20％（适用于毒性小的水样）。

2. 菌剂复苏

从冰箱（2～8℃）中取出 2％NaCl 溶液和冻干菌剂，吸取 1 mL 2％NaCl 溶液，放入冻干菌剂瓶内，摇匀，在冰箱内放置 2 min，即可恢复菌剂发光。

3. 备好试管

对照设 3 支平行管，样品设 2 支平行管，试管编号后依次排列在试管架上。

4. 样品测定

在（20±5）℃下，用定量加液器在各试管中加入 1 mL 3％NaCl，10 μL 菌液（每 30 s 加一管），加塞，颠倒 3 次混匀。从第一支试管加入菌液开始计时，10 min 后，按原来加入菌液的次序测定各管的初始发光度，对照管的测定值记作 B_0，样品管的测定值记作 I_0。

在(20±5)℃下,按原来加入菌液的次序,在对照管中加入 1 mL 3‰NaCl,在样品管中加入 1 mL 水样,加塞,颠倒 3 次混匀。拔塞,准确反应 15 min。按原次序测定各管的剩余发光度。

5. 数据处理

(1)计算相对剩余发光度

$$BR = \frac{B_{15}}{B_0} \tag{33-1}$$

式中:BR 为空白比(此值以接近 0.5 为佳);B_0 为 0 min 对照管读数;B_{15} 为 15 min 对照管读数。

$$I_0^* = I_0 BR \tag{33-2}$$

式中:I_0^* 为经过校正的初始发光度;I_0 为 0 min 样品管读数。

$$T = \frac{I_{15}}{I_0^*} \times 100\% \tag{33-3}$$

式中:T 为相对剩余发光度;I_{15} 为 15 min 样品管读数。

(2)计算 EC_{50}

算出水样各百分稀释浓度 C 所对应的 T 值,建立 T 与 C 之间的回归方程:$T = A + BC$。设 $T = 50$,代入回归方程,算出 C 即 EC_{50}。

将测得的废水样品 EC_{50} 与相关标准(表 33-1)比较,即可判断废水样品的毒性等级。

表 33-1　毒性等级划分标准

EC_{50}	毒性级别	等级
<25%*	很毒	1
25%~75%*	有毒	2
75%~100%*	微毒	3
>100%*	无毒	4

* 废水稀释百分浓度。

五、注意事项

1. 开瓶后,发光菌菌剂应一次用完。
2. 测定时,不可混淆各管读数的顺序。

六、问题与思考

1. 发光细菌毒性试验的原理是什么?
2. 发光细菌毒性试验的关键是什么?

参 考 文 献

[1] 钱存柔,黄仪秀.微生物学实验教程.北京:北京大学出版社,1999.

[2] 赵　斌,何绍江.微生物学实验.北京:科学出版社,2002.

[3] 沈　萍,范秀容,李广武.微生物学实验(第三版).北京:高等教育出版社,1999.

[4] 任南琪,王爱杰.厌氧生物技术原理与应用.北京:化学工业出版社,2004.

[5] 王家玲.环境微生物学实验.北京:高等教育出版社,1988.

[6] 陈声明,刘丽丽.微生物学研究法.北京:中国农业科技出版社,1996.

[7] 杨文博.微生物学实验.北京:化学工业出版社,2004.

[8] 王传恩.医学微生物学实验指导.广州:中山大学出版社,2002.

[9] 黄秀梨.微生物学实验指导.北京:高等教育出版社,1999.

[10] 杨　革.微生物学实验教程.北京:科学出版社,2004.

[11] 陈泽堂.水污染控制工程实验.北京:化学工业出版社,2003.

[12] Akkermans A D L, Van Elsas J D, De Bruiijn F J. *Molecular Microbial Ecology Manual*. Dordrecht:Kluwer Acadenic Publishers,1995.

[13] Hurst C J, Crawford R L, Knudsen G R, McInerney M J, Stetzenbach L D. *Manual of Environmental Microbi Ology* (second edition). Washington D C:ASM Press,2002.

[14] Colwell R R, Grimes D J. *Nonculturable Microorganisms in the Environment*. Washington D C:ASM Press,2000.

[15] Atlas R M, Parks L C. *Handbook of Microbial Media* (second edition). Boca Raton:CRC Press,1996.